AUMENTE SUA HABILIDADE COM OS NÚMEROS

"Os números governam o Universo."

Pitágoras (c. 570 a.C. – c. 490 a.C.)

PENSAMENTO EFICAZ

AUMENTE SUA HABILIDADE COM OS NÚMEROS

MANEIRAS DE FAZER CONTAS COM MAIS AGILIDADE

ANDREW JEFFREY **PubliFolha**

Be a wizard with numbers foi publicado originalmente na Grã-Bretanha e na Irlanda em 2007 pela Duncan Baird Publishers, uma divisão da Watkins Publishing Limited, 75 Wells Street, 6º andar, Londres W1T 3QU, Inglaterra.

A Alison, William e Daniel, pessoas que contam de verdade.

Copyright © 2009 Duncan Baird Publishers
Copyright do texto © 2009 Andrew Jeffrey
Copyright das artes © 2009 Duncan Baird Publishers
Copyright © 2011 Publifolha – Divisão de Publicações da Empresa Folha da Manhã S.A.

Todos os direitos reservados. Nenhuma parte desta obra pode ser reproduzida, arquivada ou transmitida de nenhuma forma ou por nenhum meio sem a permissão expressa e por escrito da Empresa Folha da Manhã S.A., por sua divisão de publicações Publifolha.

Proibida a comercialização fora do território brasileiro.

COORDENAÇÃO DO PROJETO: PUBLIFOLHA
Editora-assistente: Paula Marconi de Lima
Coordenadora de produção gráfica: Soraia Pauli Scarpa
Produtora gráfica: Mariana Metidieri

PRODUÇÃO EDITORIAL: ESTÚDIO SABIÁ
Edição: Bruno Rodrigues
Tradução: Luís Fragoso
Preparação e revisão de texto: Diego Rodrigues, Henrique de Breia e Szolnoky
Editoração eletrônica: Carochinha Editorial

EDIÇÃO ORIGINAL: DUNCAN BAIRD PUBLISHERS
Gerente editorial: Caroline Ball
Editora: Katie John
Editora de arte: Clare Thorpe
Capa: Gemma Robinson

Dados Internacionais de Catalogação na Publicação (CIP)
(Câmara Brasileira do Livro, SP, Brasil)

Jeffrey, Andrew
  Aumente sua habilidade com os números : maneiras de fazer contas com mais agilidade / Andrew Jeffrey ; [tradução Luís Fragoso]. – São Paulo : Publifolha, 2013 – (Série Pensamento Eficaz).

  2ª reimpr. da 1ª ed. de 2011.
  Título original: Be a wizard with numbers.
  ISBN 978-85-7914-265-9

  1. Matemática - Obras de divulgação 2. Matemática recreativa I. Título.

10-13590   CDD-510

Índice para catálogo sistemático:
1. Matemática : Obras de divulgação 510

Este livro segue as regras do Acordo Ortográfico da Língua Portuguesa (1990), em vigor desde 1º de janeiro de 2009.

Impresso pela gráfica Corprint sobre papel offset 90 g/m², em julho de 2013.

PUBLIFOLHA
Divisão de Publicações do Grupo Folha
Al. Barão de Limeira, 401, 6ª andar
CEP 01202-900, São Paulo, SP
Tel.: (11) 3224-2186/2187/2197
www.publifolha.com.br

SUMÁRIO

Introdução	8
CAPÍTULO 1 – NÚMEROS: ASSUSTADORES OU DIVERTIDOS?	12
O problema com os números	14
Os números como conceitos	19
Como os números se comportam	21
Os padrões numéricos	25
Progredindo?	30
CAPÍTULO 2 – CÁLCULOS INTELIGENTES	32
Tudo de cabeça	34
Desenvolva os músculos mentais	39
O cérebro eletrônico	42
Matemágica: 6801	44
Marcos de conversão	46
Fibonacci	48
CAPÍTULO 3 – RELAÇÕES NUMÉRICAS	50
Partes de um todo	52
Razões e proporções	59
A razão áurea	64
Médias significativas	68
A de álgebra	71
Bases numéricas	75

INTERLÚDIO – MATEMÁTICOS CÉLEBRES	78
CAPÍTULO 4 – A MATEMÁTICA DO DIA A DIA	82
Forças de mercado	84
A importância das estimativas	88
Investimentos e empréstimos	91
O mercado financeiro	95
Navegação	97
CAPÍTULO 5 – NÚMEROS: PODE-SE MESMO CONTAR COM ELES?	100
Estatísticas: pode-se confiar nelas?	102
É tudo uma questão de escala	106
Chance e probabilidade	108
O Problema de Monty Hall	112
Quais são as probabilidades?	114

CAPÍTULO 6 – A MARAVILHA DOS NÚMEROS	**116**
Zero: alguma coisa e nada	**118**
Números primos	**121**
Códigos: um enigma matemático	**124**
É o caos!	**126**
Descobrindo os fractais	**128**
Um mundo sem números?	**130**
Entrando no mundo do irreal	**131**
Respostas	**132**
Índice	**137**
Bibliografia complementar	**143**
Agradecimentos	**144**
Créditos das ilustrações	**144**

INTRODUÇÃO

A matemática é uma arte, uma ciência e uma linguagem – propriedades que ela possivelmente compartilha apenas com a música e que tornam o mundo dos números fascinante e atraente. Porém, para algumas pessoas – mesmo as mais inteligentes –, é um mundo assustador. O medo, desnecessário, impede que elas descubram o poder, a beleza, os padrões e a alegria que ele pode proporcionar.

NÃO CONSIGO OU AINDA NÃO CONSIGO?

Quando fui convidado a escrever este livro, aceitei na hora, pois sua proposta estava em perfeita sintonia com tudo o que eu pensava sobre o modo de ver e aprender matemática. Muitas pessoas costumam dizer que é tarde demais para aprender a gostar de números – especialmente aquelas que sofreram com matemática na escola e pensam, erroneamente, que "nunca vão entender". Algumas acreditam que não sabem lidar com números porque nasceram com falta de aptidão para tal. (Isso existe – veja na p. 130 –, mas não costuma ser a causa do problema.) Perdi a conta do número de pessoas que se queixam, dizendo que a matemática só lhes causou dissabores, mas isso certamente ocorreu em decorrência do modo pelo qual foram ensinadas. É natural que, se não dominaram o básico, não têm como seguir adiante. Nunca é tarde para começar. Este livro apresenta uma oportunidade de descobrir como os números podem ser divertidos.

Ao ganhar segurança, você começa a desenvolver o gosto pela matemática. Vejamos um exemplo: sabe contar até mil? Já contou alguma vez? Se a resposta à primeira pergunta for "sim" e à segunda, "não", a pergunta seguinte será: "Como você tem tanta certeza de poder fazer algo que nunca fez?" A resposta é que, mesmo não tendo consciência disto, você sabe que os números seguem padrões – e o modo como esses padrões se unem e se relacionam é o cerne da matemática. O que antes parecia um padrão complicadíssimo de entender agora é algo tão simples que você nem precisa pensar. Por esse motivo, não tenha medo da matemática que ainda não domina.

A MAGIA DOS NÚMEROS

Você vai encontrar, ao longo do livro, referências a padrões numéricos. A habilidade de encontrar um padrão – de números, letras, cores ou formas – e usá-lo é fundamental. Veja, por exemplo, o seguinte padrão:
Vermelho, preto, vermelho, preto, vermelho, preto, vermelho, preto, vermelho, preto...

Qual é a próxima cor?
Qual é a centésima cor?

A centésima cor é o preto, claro, mas como você *sabe*? Porque cem é um número par e o preto ocupa todas posições de número par da sequência. Ao raciocinar desse modo, você já está pensando matematicamente. Embora seja um exemplo simples, revela uma grande verdade: ao descobrir o padrão, podemos afirmar com segurança o que se encontra mais adiante na sequência – como, por exemplo, que a 1.286.295ª cor é o vermelho (número ímpar). É na habilidade de prever com absoluta certeza que está boa parte da magnitude e da beleza da matemática. Como disse Einstein: "A matemática pura é, a seu modo, a poesia das ideias lógicas".

Como mágico profissional, conhecido nas escolas europeias como "matemágico", sempre gostei de truques matemáticos. Durante vinte anos de magistério, usei muitos truques para explorar conceitos novos em classe. Foi com surpresa que constatei a grande popularidade dessas aulas, pois os truques ajudavam as crianças a lidar com conceitos difíceis. Eles certamente podem funcionar com você. Para ajudá-lo a se tornar um mágico dos números, incluí aqui alguns truques matemáticos que podem ser feitos para surpreender amigos e familiares.

REAL, RELEVANTE E SIMPLESMENTE NOTÁVEL

Os truques, quebra-cabeças e exercícios foram elaborados para testar e aprofundar sua compreensão, para mostrar que muitas ideias consideradas difíceis não passam de uma extensão de ideias bem mais simples, facilmente compreensíveis.

Por exemplo, você vai ver que basta duplicar, dividir ao meio ou multiplicar por dez para fazer mentalmente boa parte dos cálculos do cotidiano. Isso é muito útil na hora de fazer compras, operações bancárias e outras atividades que envolvem números, como calcular a gorjeta do garçom ou saber se determinado negócio é tão bom quanto parece, sem ter de recorrer à calculadora.

Mas, além de aprender atalhos que vão facilitar sua vida, você vai descobrir fatos numéricos surpreendentes, como: de que maneira as pessoas se arranjavam antes da descoberta do zero ou qual o perímetro infinito contido em um floco de neve. Vai saber ainda quando não acreditar na calculadora.

A reclamação corriqueira nas salas de aula – "Mas, quando crescer, eu *nunca* vou precisar disso" – pode até ser verdade, mas, uma vez conquistado pelo fascínio dos números, você vai ficar pasmo com a influência notável que eles exercem em todas as áreas. Os números estão em toda parte: políticos e profissionais de marketing sempre tentam nos convencer ou justificar suas decisões com base em estatísticas. Nem sempre as chances e probabilidades são as esperadas. Quando você chegar ao capítulo 5, perceberá como os números realmente afetam o funcionamento do mundo.

Espero que este livro seja do interesse não apenas daqueles que querem superar certa falta de habilidade matemática, como também daqueles que se sentem à vontade com números. Percorra os vastos horizontes aonde os números o levam e aproveite a diversão de suas propriedades mágicas. Eu redescobri informações e dicas esquecidas, adquiri novos conhecimentos e aprendi que alguns fatos em que acreditava não eram corretos. Espero que isso lhe sirva de exemplo.

Agora, prepare-se para se surpreender e se maravilhar ao descobrir (ou redescobrir) o fascinante e até mesmo inacreditável mundo dos números.

CAPÍTULO 1

NÚMEROS: ASSUSTADORES OU DIVERTIDOS?

O problema com os números 14
Os números como conceitos 19
Como os números se comportam 21
Os padrões numéricos 25
Progredindo? 30

Se você foi um desses alunos para quem as aulas de matemática representavam o suplício da semana, ou é uma pessoa que resmunga quando precisa fazer contas, como calcular uma gorjeta e a mudança na taxa de juros, deve ter muito medo de números. Mas eles, de fato, podem lhe passar uma grande sensação de tranquilidade, por serem perfeitamente previsíveis e imutáveis. Por exemplo, 64×15 é sempre 960 e nenhum capricho ou interpretação muda isso. Este capítulo examina o modo como você vê os números e como pensa sobre eles, além de lhe dar dicas para fazê-los trabalhar em seu proveito.

O PROBLEMA COM OS NÚMEROS

Se você teve dificuldades com matemática na escola, deve achar que agora não é mais o caso de tentar se dar bem com ela. Mas nunca é tarde para começar a descobrir os padrões numéricos e a maneira como eles se combinam, nem para usá-los segundo seus objetivos.

OS NÚMEROS COMO ELES SÃO

Imagine que 114 pessoas querem participar do torneio de Wimbledon. Elas precisam ganhar algumas partidas antes de se classificar entre os últimos 64, 32, 16, 8, 4, e os últimos 2 candidatos para a final. Se você precisar dizer quantas partidas são necessárias, o que faz?

Possivelmente você descobriria quantas partidas devem ser jogadas na primeira etapa; a seguir, quantas nas etapas subsequentes; por fim, somaria tudo. Um processo trabalhoso e sujeito a erros. Há um jeito bem mais fácil. Qual é o objetivo do torneio? Chegar a um campeão, um entre 114. Isso significa que 113 jogadores precisam ser eliminados. Como a cada partida é eliminado um jogador, vai haver exatamente 113 partidas. Simples!

A suposição "Eu não sei" é uma tendência humana natural com relação a qualquer medo, principalmente o de matemática. Cada pessoa foi ensinada por um ou mais métodos diferentes e vê os números à sua maneira. Podemos ter ideias infundadas a respeito deles e da nossa falta de habilidade para lidar com eles. Essa compreensão inadequada do assunto faz a matemática e os números parecerem muito mais difíceis do que são. Mesmo quem é muito inteligente às vezes tem um branco quando lida com eles. No entanto, conhecer um pouco do padrão numérico (em vez de regras sem sentido aprendidas na escola, das quais mal nos lembramos) logo vai permitir que você se sinta encorajado a ter sucesso. Talvez, em lugar de "Não sei", seja melhor pensar que "Ainda não sei, mas posso elaborar um padrão do que vejo aqui...".

QUAL É A SUA FAMILIARIDADE COM OS NÚMEROS?

No questionário a seguir, as respostas são menos importantes do que a maneira como a questão é abordada: você usa a calculadora ou algum atalho? Anote como resolveu cada questão. A seguir, a análise dos métodos empregados vai revelar o quanto você se sente à vontade com os números. Boa sorte e, lembre-se, não é um teste em que você precisa tirar notas altas. Você vai se surpreender.

1. Quanto é 23 multiplicado por 99?
2. $300 \div \frac{1}{3} = ?$
3. Quantos cubos de 1 cm são necessários para construir um cubo maior, cujos lados medem 7 cm?
4. O granjeiro empacota os ovos em caixas com 48 ovos. De quantas caixas ele precisa para embalar 472 ovos?
5. Qual é a soma de todos os números de 1 até 20?

As respostas e, o principal, o porquê:

1 **2.277**

Se você fez a multiplicação e acertou o resultado, ganha **3 pontos**. Se tentou mas não acertou, ganha **2 pontos**. Se percebeu que 23 × 99 é quase 23 × 100, e assim a resposta seria 2.300 − 23, ganha **4 pontos**.

2 **900**

Se você respondeu 100, não foi o único: a divisão é um conceito pouco compreendido. Fica mais fácil fazer a divisão criando grupos: imagine 300 pizzas, cada uma dividida em três pedaços, o que dá 900 fatias. Some **2 pontos** se você tentou e não acertou, **3 pontos** se usou a calculadora, e **4 pontos** se acertou usando qualquer outro método além da calculadora.

3 **343**

Conte 3 pontos se você respondeu imaginando uma camada quadrada de 7 × 7 cm feita de 49 pequenos cubos e percebeu que precisaria de 7 camadas dessas para fazer o cubo maior. Você é um aprendiz visual. Se usou algum outro método que envolvia calcular 7 × 7 × 7, também leva **3 pontos**. Se usou a calculadora e acertou, ganha **2 pontos**. Se tentou, mas errou, ganha **1 ponto**. A ideia de um cubo maior ilustra bem como a matemática funciona – podemos começar com algo pequeno e ampliar nosso próprio conhecimento.

4   10 caixas

Se você acertou fazendo a conta 472 ÷ 48, no papel ou na calculadora, ganha **2 pontos**. Se errou, **1 ponto**, a menos que tenha obtido 9,83333. Nesse caso, você **não pontua**: é óbvio que a resposta exige um número inteiro. Essa questão demonstra como grande parte da matemática é aprendida de forma errada: não pensamos em perguntar se a resposta faz sentido, por causa da falta de segurança com números. Se você concluiu que para 480 ovos seriam necessárias 10 caixas, mas que 9 não seriam suficientes, some **3 pontos**.

5   210

Se você acertou somando os números na ordem crescente ou decrescente, leva **2 pontos**. Se usou esse método e errou, ganha **1 ponto**. Se somou os números em outra ordem para facilitar, ganha **4 pontos**, mesmo que o resultado esteja errado. (Veja na p. 24 como Carl Friedrich Gauss extasiou seu professor ao somar os números de 1 a 100 em menos de um minuto!)

Some seus pontos.

Se você obteve de 0 a 6 pontos, é provável que não tenha tentado responder a todas as perguntas, o que pode ter ocorrido por falta de segurança, impaciência para ir até o fim ou hesitação. A razão para ganhar pontos com as respostas incorretas é mostrar que elas são apenas erros: uma resposta errada é mil vezes melhor do que nenhuma. Costumamos falhar não porque erramos, mas porque não ousamos tentar.

Se obteve entre 7 e 12 pontos, pode ser que se lembre de alguns métodos que aprendeu na escola e que gosta de usar. Mas talvez nunca tenha aprendido como esses métodos funcionam de fato, ou se existem meios mais simples e adequados de resolver essas questões. Este livro vai ensiná-lo a lidar com tais problemas. Seu resultado mostra que você não teve medo de tentar resolver as questões sobre as quais não tinha certeza – um ótimo sinal.

Se obteve entre 13 e 20 pontos, provavelmente você recorre à imaginação ao solucionar problemas, e vai adorar muitas das ideias mostradas nos capítulos seguintes.

Esse sistema pouco comum de pontuação mostra a importância de *tentar* e como a abordagem do problema faz diferença. Descobrir atalhos, perceber exatamente qual é a questão e não se deixar impressionar por números aparentemente "difíceis" – essas habilidades ajudam a desmistificar a matemática e vão ajudar a transformá-lo num mágico dos números.

Nota: recorrer à calculadora não é problema. Eu uso a minha constantemente, mas é preciso ser seletivo na hora de usá-la, como veremos no capítulo 2.

OS NÚMEROS COMO CONCEITOS

Um dos maiores desafios é entender que o cérebro humano não pensa em números, mas em imagens.

OS NÚMEROS COMO ENTIDADES INDEPENDENTES

Para entender algo em profundidade, o cérebro precisa criar uma imagem mental deste conceito. Se temos dificuldade para lidar com os números, normalmente é porque não conseguimos imaginar uma aparência deles. É preciso construir a chamada "imagem conceitual" de cada número em nossa cabeça.

Quando criança, aprendemos, por exemplo, que "3" descreve um grupo de objetos (é uma quantidade), mas esse conhecimento é parcial, pois permite que os números sejam usados como adjetivos: 3 aves, 2 olhos.

A etapa seguinte do desenvolvimento, que pode acontecer em qualquer idade, mas geralmente ocorre entre os 4 e os 7 anos, é aprender a pensar os números não mais como descrições de um grupo de objetos, mas como conceitos independentes. É difícil somar 23 com 13 se pensarmos nos números como um conjunto de objetos, mas, se nosso cérebro os enxergar como ideias independentes, o trabalho ficará bem mais fácil. Se ainda não atingimos essa etapa, processar números não faz sentido, por isso é muito difícil.

REPRESENTAÇÕES E RELAÇÕES

Assim como a nossa relação com as pessoas se aprofunda à medida que as conhecemos melhor, nossa compreensão dos números se aperfeiçoa à medida que passamos mais tempo lidando com eles. Se limitamos nossa experiência com o 5 ao "número de patinhos da lagoa", fica difícil descobrirmos o que mais o 5 pode ser — por exemplo, a metade de 10 ou 1% de 500. A boa notícia é que, se você ampliar sua experiência com as várias facetas dos números, sua segurança para trabalhar com eles certamente vai crescer.

5 OU V OU 五

A figura usada para os números (1, 2, 3, 4, 5 etc.) não tem um significado intrínseco além do que lhe atribuímos. O mesmo significado e valor podem ser representados de diversas maneiras — o número 5, por exemplo, por cinco pontos na face de um dado ou pelos dedos de uma mão. No título deste quadro temos três representações do 5: a indo-arábica (a mais difundida no mundo hoje), a romana e a chinesa. Além disso, o mesmo número pode representar coisas diferentes: um valor monetário, a hora do dia, e assim por diante.

Pense o seguinte: *(respostas na p. 132)*
- Se o oposto de 3 é 4 e o oposto de 6 é 1, qual é o oposto de 5?
- Qual operação é diferente das demais?
  60 ÷ 12
  5.550,55 − 500,55
  40% de 12,5
  10.002 − 9.997
  1h44min28s + 3h15min32s?
- Em que situação 5 = 41? (E quando 5 = -15?)

COMO OS NÚMEROS SE COMPORTAM

Se você passar muito tempo em uma cidade e se familiarizar com ela, aumentam as suas chances de conhecer caminhos. Ao desenhar o mapa das ruas na cabeça, você vê ligações até então despercebidas. O mesmo ocorre com os números.

A PREVISIBILIDADE DOS NÚMEROS

Uma das chaves para entender os números é reconhecer que eles estão dispostos em padrões e seguem regras muito simples. Depois de entender as regras e os padrões, você nunca os esquece.

Há inúmeros padrões, dos muito simples aos maravilhosamente complexos. Ao longo do livro, vamos examinar alguns deles. Uma vez dominados, eles o ajudarão muito mais do que o esforço em lembrar o que você aprendeu na escola.

Os seguintes padrões de cálculo facilitam as contas com números grandes – talvez você já conheça alguns deles.

- Para multiplicar um número inteiro por dez, basta acrescentar um zero; e por cem, dois zeros.
- Se o último algarismo é divisível por 2, então esse número é par e pode ser dividido por 2, sem deixar frações. E não importa o tamanho do número.
- Se um número inteiro termina em 5 ou 0, pode ser dividido por 5.
- O resultado da soma de dois números ímpares é sempre um número par.
- Se a soma dos algarismos de um número inteiro resultar em

um número divisível por 3, o número inteiro também será múltiplo de 3 (assim você pode dizer na hora, por exemplo, que 287.511 é divisível por 3 e dá um número inteiro).
- Do mesmo modo, se os algarismos de um número somam 9 ou um múltiplo de 9, o número é divisível por 9.
- Divida ao meio os últimos três algarismos e divida novamente. Se o resultado for um número par, o número original é divisível por 8.
- Tire o último algarismo e duplique-o. A seguir, subtraia o resultado do que restou do número original. Repita o processo até que sobre apenas um algarismo. Se obteve -7, 0 ou 7, o número original é divisível por 7.

Truque telefônico

Seu telefone também tem propriedades previsíveis. Escreva os últimos seis números. Reorganize-os de modo a formar outro número de seis algarismos e a seguir subtraia o número menor obtido do maior. Agora some o total do resultado obtido. Deu 27? É o resultado mais frequente. Outros possíveis resultados, porém mais raros, são: 18 ou 36, ou então 9. Mas será sempre um múltiplo de 9.

Segue-se um exemplo com o número 731117:

Reorganize os números de modo a obter 317171.

$$731117$$
$$-317171$$
$$413946$$
$$4 + 1 + 3 + 9 + 4 + 6 = 27$$

ESCOLHA UM NÚMERO
Sabendo como os números se comportam, você pode usar a calculadora para fazer alguns truques com previsões. Faça isto com um amigo.

Leitura da mente
Sem que seu amigo veja, escreva o número 37 em um pedaço de papel e deixe-o virado para baixo. Peça a ele que faça o seguinte:
- Digite três vezes um algarismo na calculadora (por exemplo, 555).
- Some de cabeça esses dígitos (5 + 5 + 5 = 15).
- Divida o número de três algarismos pelo novo número (555 ÷ 15).

Mostre a ele o seu papel.

A explicação é que os números com três algarismos iguais são múltiplos de 111, e 111 = 37 × 3. Somar os três dígitos é o mesmo que multiplicar um deles por três. A última etapa será sempre dividir o número de três algarismos pelo número original (teclado três vezes), o que dá 111, e por três, o que dá 37.

O poder do nove
- Escolha um número de 0 a 9 e multiplique-o mentalmente por 9.
- Com a calculadora, multiplique o resultado por 12.345.679.

A calculadora mostrará o dígito que você pensou repetido nove vezes.

Isso ocorre em razão de um fato simples e bem sabido: 12.345.679 x 9 = 111.111.111. Assim, você multiplicou 111.111.111 pelo número que escolheu. Portanto, se começar com 8, vai obter 888.888.888.

GÊNIO INSTANTÂNEO

Estamos no ano de 1784. Enquanto distribui o exercício de matemática do dia, o professor se irrita ao perceber que o garoto Carl, de 7 anos, já terminou. Decide então dar a ele um exercício tão difícil que o deixará ocupado o resto do dia.

* * * * *

"Agora, Carl, antes de ir para casa, quero que você some todos os números de 1 a 100. Assim que terminar, pode ir para casa."
"Cinco mil e cinquenta, senhor."
"O quê?"
"Cinco mil e cinquenta. O senhor tem outro resultado?"
"Bem, eu, eu... Deixe para lá. Pode ir embora, Carl."

* * *

Como Carl foi tão rápido, séculos antes da invenção da calculadora?
- Imagine os números de 1 a 100 escritos em uma tira de papel, começando do 1.
- Imagine uma segunda tira, com os números de 100 a 1, colocada embaixo da primeira, de modo que 1 fique abaixo de 100, 2 abaixo de 99 e assim por diante. Você terá cem pares de números e, o mais importante, a soma de cada par dará o mesmo resultado: 101.
- Assim, o total de pares é igual a $100 \times 101 = 10.100$.
- Como você quer saber apenas o valor de uma tira, simplesmente divida esse valor ao meio para obter a resposta: 5.050.

Na verdade, Carl usou apenas uma tira de números dividida ao meio (1 a 50 e 51 a 100, com 50 pares de soma 101). Dá no mesmo, mas é mais difícil de visualizar. Carl Friedrich Gauss (1777-1855) tornou-se um dos maiores matemáticos de seu tempo.

OS PADRÕES NUMÉRICOS

Os padrões estão sempre presentes na matemática. As tabuadas, sequências e progressões numéricas, quadrados latinos e outros padrões de previsão são a base para resolver questões cotidianas relacionadas a números, como sudoku, código de barras e escala de mapa. A compreensão das regras subjacentes ao padrão está no cerne do aprendizado da matemática.

O USO DE PADRÕES

O padrão mais simples é a sequência de números 1, 2, 3, 4, 5, 6 etc. Temos certeza de poder contar, com facilidade, até mil ou um milhão, porque conhecemos esse padrão com segurança. Os padrões também ajudam nos cálculos, de formas às vezes surpreendentes, como no exemplo a seguir.

O equilíbrio da soma

Sem fazer a conta, qual destas somas parece ter resultado maior?

$$16 + 17 + 18 + 19 + 20$$
ou
$$21 + 22 + 23 + 24?$$

Duas respostas vêm imediatamente à mente: a primeira, porque contém mais números, ou a segunda, porque os números são mais altos. Você também pode ter adivinhado que o resultado é o mesmo. Ele é uma extensão do seguinte padrão:

$$1 + 2 = 3$$
$$4 + 5 + 6 = 7 + 8$$
$$9 + 10 + 11 + 12 = 13 + 14 + 15$$

Você sabe dizer qual seria a quinta linha?

QUADRADOS LATINOS

Esses quadrados contêm um conjunto de números ou de outros símbolos, os quais não podem se repetir na linha e na coluna a que pertencem. Abaixo temos um exemplo simples.

1	2	3	4
4	1	2	3
3	4	1	2
2	3	4	1

O sudoku é um tipo de quebra-cabeça que tem por base o quadrado latino, e mostra o fascínio que o cérebro humano tem por padrões. Mais adiante apresentaremos outros padrões fascinantes, como a sequência de Fibonacci (p. 48), o pi (p. 62), a razão áurea (p. 64) e os códigos de barra (p. 87).

SEQUÊNCIAS NUMÉRICAS

A sequência mais comum é conhecida como "progressão aritmética", em que os números sucessivos aumentam ou diminuem na mesma proporção, como por exemplo:

4   7   10   13   16   19 ...

Para maior clareza, vamos chamar o 4 de primeiro termo, o 7 de segundo termo e assim por diante. Pode ser útil predizer, por exemplo, qual seria o centésimo número dessa sequência. Para isso, é preciso descobrir a regra geral que determina cada termo numa sequência específica, inclusive os termos ainda não identificados. O termo desconhecido é chamado de enésimo termo (n).

Vemos que a diferença entre os termos sucessivos é sempre 3 e o mesmo ocorre na tabuada do 3, portanto é provável que a sequência esteja próxima à da tabuada do 3. Comparando as duas, temos:

Nº do termo	1	2	3	4	5	6	n
Tabuada do três	3	6	9	12	15	18	$3n$
Sequência	4	7	10	13	16	19	$3n+1$

A última coluna (n) procura generalizar o padrão. Qualquer que seja o número (n), o enésimo termo da tabuada será três vezes n, que se escreve "$3n$". Mas o enésimo termo da sequência é sempre um número acima, portanto podemos dizer que o enésimo termo da sequência é $3n + 1$.

Agora podemos afirmar, com toda a certeza, que o centésimo termo será 3 × 100 + 1, ou seja, 301. E mais, o ducentésimo termo será 601, o trigésimo, 91, e assim por diante. Conhecendo a regra geral (3n + 1), podemos encontrar *qualquer* termo da sequência.

PERCA O MEDO DA TABUADA

Às vezes amada, mas geralmente temida, a tabuada ou tabela de multiplicação é uma grade que apresenta os resultados da multiplicação dos números de 1 a 10 entre si. É comum as crianças terem que decorar essas tabelas antes de entender seu significado. Se souberem os padrões da tabuada, terão mais chances de conseguir aprender. À primeira vista, a tabela contém cem resultados de multiplicação que devem ser memorizados:

×	1	2	3	4	5	6	7	8	9	10
1	1	2	3	4	5	6	7	8	9	10
2	2	4	6	8	10	12	14	16	18	20
3	3	6	9	12	15	18	21	24	27	30
4	4	8	12	16	20	24	28	32	36	40
5	5	10	15	20	25	30	35	40	45	50
6	6	12	18	24	30	36	42	48	54	60
7	7	14	21	28	35	42	49	56	63	70
8	8	16	24	32	40	48	56	64	72	80
9	9	18	27	36	45	54	63	72	81	90
10	10	20	30	40	50	60	70	80	90	100

Na verdade, essa tarefa pode ser reduzida ao meio, uma vez que a tabela tem dois lados iguais, separados pela linha diagonal. Assim, só é preciso aprender metade dos números, pois a outra metade é repetida. Por exemplo, $4 \times 7 = 28$ assim como $7 \times 4 = 28$. Não é preciso aprender os dois. Além disso, a tabuada do 1 e a do 10 são muito fáceis, logo restam apenas 20 números.

O encanto das tabelas

A grade revela também outros padrões numéricos. O que você vê ao marcar apenas os números ímpares? Por que há esse padrão? Veja os números em diagonal indicados pela seta — o formato retangular da tabela ajuda a explicar por que esses números são chamados "quadrados"?

Outra surpresa: a tabela também permite obter frações instantaneamente. Observe dois números adjacentes quaisquer — por exemplo, 4 e 6 (terceiro e quarto itens da terceira linha) — e pense neles como uma fração, $4/6$. Na coluna desses dois números, você encontrará frações equivalentes — em $4/6$, de $2/3$ a $20/30$, passando por $16/24$. Imediatamente, a grade mostra, por exemplo, que $24/32$ é igual a ¾ ou que $35/40$ é o mesmo que $7/8$. O método funciona tanto na vertical como na horizontal.

"A matemática dota as pessoas de algo que parece um novo sentido."

Charles Darwin (1809-1882)

PROGREDINDO? *(respostas na p. 132)*

Talvez você precise ler este capítulo algumas vezes, antes de absorver totalmente as ideias apresentadas. Ainda assim, tente resolver as questões a seguir, para avaliar seu progresso. O livro não traz um teste ao final de cada capítulo, mas apresenta alguns desafios ao longo do texto para ajudar você a praticar o que aprendeu.

1. Mentalmente (sem calculadora):
   a: multiplique 34 por 99
   b: multiplique 3,99 por 7

2. a: Quanto é $150 \div \frac{1}{2}$?
   b: Quanto é $200 \div \frac{1}{5}$?

3. Os números ímpares têm um padrão interessante quando somados:
   A soma dos primeiros dois números ímpares é: $1 + 3 = 4$ (que é igual a 2 x 2).
   A soma dos primeiros três é: $1 + 3 + 5 = 9$ (que é igual a 3 x 3).
   Qual seria a soma dos primeiros cem números ímpares?

4. 16 invertido é 61, 28 é 82, mas em que circunstâncias 16 e 61 seriam iguais, assim como 28 e 82? (Dica: se você conhece diferentes sistemas de temperatura, está chegando lá!)

5 a: Qual é o centésimo termo desta sequência? 7, 11, 15, 19, 23, 27...

b: Nesta sequência: 2, 5, 8, 11, 14... quantos termos serão necessários para chegarmos a 146?

6 No teste em cadeia, o desafio é partir de um número e executar uma série de operações em sequência. Você é capaz de concluir os seguintes testes bem depressa?

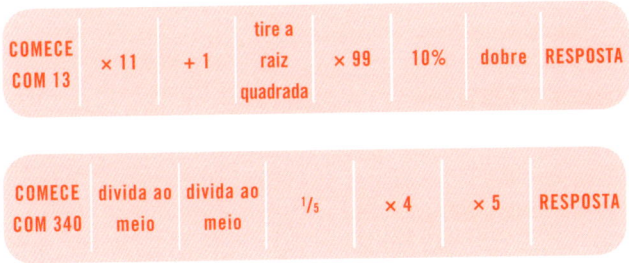

7 Quais são os cinco algarismos que estão faltando no espaço destacado na grade? (Há mais de uma resposta válida.) Explique como descobriu.

CAPÍTULO 2

CÁLCULOS INTELIGENTES

Tudo de cabeça 34

Desenvolva os músculos mentais 39

O cérebro eletrônico 42

Matemágica: 6801 44

Marcos de conversão 46

Fibonacci 48

A maneira como aprendemos matemática costuma gerar uma confusão: acreditamos que os métodos para calcular no papel são muito diferentes dos usados para fazer contas de cabeça. Na verdade, isso não é necessariamente um problema, mas muitas vezes nos leva a supor que devemos fazer cálculos complicados para resolver um problema — quando pode haver uma solução bem mais simples. Este capítulo vai ajudar você a sentir-se à vontade com os números e apresentar algumas mágicas matemáticas que dispensam cálculos enfadonhos.

TUDO DE CABEÇA

Alguns poucos truques e técnicas irão ajudá-lo a fazer contas de cabeça. Trabalhe com eles sem pressa; você perceberá uma grande melhora, tanto na sua autoconfiança quanto na exatidão e rapidez das respostas.

DOBRAR (DUPLICAR) E DIVIDIR AO MEIO
Quer calcular quanto gastará comprando duas, quatro ou oito latas de ração a partir do preço de uma lata? Ou quanto custará um vestido se tiver um desconto de 50%? A capacidade de dobrar (duplicar) ou dividir ao meio um número, de cabeça e com rapidez, está na base para adquirir destreza com os números.

Dobrar
O segredo para dobrar um número é ter habilidade para separá-lo em partes. Você pode fazer isso como quiser, do jeito que parecer melhor. Por exemplo, para dobrar R$ 3,47, você pode começar dobrando o 3, depois o 0,40 e depois o 0,07, resultando 6 + 0,80 + 0,14, ou seja, R$ 6,94. Mas você também poderia dobrar R$ 3,50 menos 0,03 e ficar com R$ 7,00 menos duas vezes 0,03, resultando R$ 6,94. Esta técnica é útil em lojas que colocam preços do tipo R$ 3,99 em vez de R$ 4,00 para fazer você pensar neles como R$ 3,00!

    A técnica de dobrar é usada com números grandes também, porque dobrar 3.000 não é mais difícil do que dobrar 3. Por exemplo, para dobrar 3.462 basta pensar em 6.000, 800 e 124, obtendo 6.924.

Pratique isso toda vez que vir um número grande nos próximos dias: calcule o seu dobro. Então dobre novamente. Busque sempre o caminho mais curto: por exemplo, para dobrar 26, dobre 25 (50) + 2.

Dividir ao meio

Para dividir ao meio há uma técnica parecida com a de dobrar, com a qual eu obtive muito sucesso ao ensinar crianças de 8 anos.

Imagine uma linha horizontal do comprimento de um braço, flutuando na altura dos seus olhos. Agora ponha o número que você quer dividir acima da linha. Separe esse número em duas ou três partes, o que lhe parecer mais simples. Coloque essas partes também acima da linha. Mentalmente divida cada uma das partes ao meio e coloque-as abaixo da linha. Agora some essas metades e descubra o resultado.

Eis como eu dividiria 335 ao meio:

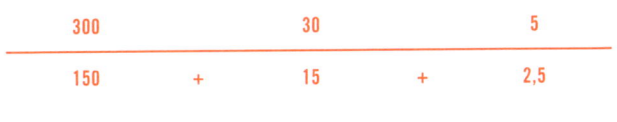

300		30		5
150	+	15	+	2,5

TOTAL: 167,5

Pratique esta técnica por cerca de uma semana. Você ficará surpreso ao ver o seu progresso com os números.

COLHENDO OS BENEFÍCIOS

Depois de aprender a dobrar e a dividir ao meio, você perceberá que outras operações aritméticas semelhantes ficarão mais fáceis de fazer.

Por exemplo, dobrando o dobro de um número, você facilmente poderá fazer multiplicações por 4, 8, 16 ou 32 vezes. Você vai receber oito pessoas para jantar e a receita pede 140 g de macarrão por pessoa? Não tem problema, simplesmente dobre três vezes (280 g, 560 g, 1.120 g) para saber quanto macarrão irá usar. Do mesmo modo, você pode calcular ¼, $1/8$, $1/16$ e assim por diante, com a técnica de dividir ao meio.

Você também pode usar essas técnicas para calcular de cabeça outras quantidades. Se você, de repente, descobrir que terá apenas seis convidados para o jantar, pense em 2 mais 4, ou seja, dobre ($\times 2 = 280$ g), dobre de novo ($\times 4 = 560$ g) e some: $280 + 560 = 840$ g.

ARREDONDAMENTOS

Você foi a um grande centro de compras e está levando para casa três coisas, sendo que uma custou R$ 1,99, outra, R$ 2,98 e a última, R$ 4,99. Como você faria para calcular quanto gastou? O modo tradicional seria colocar os números em coluna:

$$\begin{array}{r} R\$\ 1,99 \\ R\$\ 2,98 \\ \underline{R\$\ 4,99} \\ R\$\ 9,96 \end{array}$$

Mais eficiente seria arredondar esses preços, que ficariam iguais a R$ 2,00, R$ 3,00 e R$ 5,00, somando R$ 10,00. Depois bastaria somar os centavos adicionados no arredondamento: R$ 0,01 + R$ 0,02 + R$ 0,01 = R$ 0,04 e subtraí-los do total: R$ 10,00 − R$ 0,04 = R$ 9,96.

Fazer essa conta é mais rápido do que usar papel ou calculadora. Tente usar essa técnica para somar R$ 3,99 com R$ 4,97 e R$ 2,98.

PROCURANDO OS PARES

Para somar vários números de cabeça, procure formar pares que totalizem 10 (ou 100). Por exemplo, para somar 20 + 40 + 32 + 60 + 80, há quem tente fazer a soma em sequência:

20 + 40 = 60
32 + 60 = 92
60 + 92 + 80 = ...?

Em vez disso, seja esperto e separe os números de modo que seu trabalho fique mais fácil:

20 + 80 = 100
40 + 60 = 100
Isso dá 200, que com 32 resulta em 232.

Use esse mesmo método para separar em pares números quase redondos, como por exemplo: 41 + 65 + 59. Se você subtrair 1 de 41 e somá-lo ao 59, ficará com 40 e 60. Agora você tem uma conta muito mais simples para fazer: 100 + 65. Logo, o total é 165.

Empregue essa técnica para somar de cabeça 23, 34, 56 e 27.

NÚMEROS GRANDES E ASSUSTADORES

Um engano frequente é pensar que trabalhar com números grandes é difícil. O seguinte exemplo desfaz esse engano. Qual destes números você consegue multiplicar por 6, de cabeça, com mais facilidade: 0,37, 134 ou 1.000.000? Não se deixe desanimar com uma grande fila de dígitos: olhe o número como ele realmente é e veja se pode simplificá-lo.

O GRANDE TRUQUE DO ONZE

Ninguém irá se surpreender se você multiplicar um número, mesmo que grande, por 10 ou por 100 mais rápido que uma calculadora. Mas como multiplicar por 11? Saiba já.

✱ ✱ ✱ ✱ ✱

Qual é o modo mais rápido de multiplicar 23 por 11? Um jeito seria multiplicar por 10 e somar 23, porém muito mais rápido é somar os dois algarismos e colocar o resultado entre eles:

2 + 3 = 5, portanto 23 × 11 = 253.

Se a soma dos dois dígitos for maior que 9, some o 1 da dezena do resultado ao número da esquerda:

84 × 11 ficaria: 8 (12) 4 = 924

Experimente multiplicar 34 × 11, 52 × 11, 69 × 11, 85 × 11, 93 × 11.

Para números grandes, o truque também funciona:

4623 × 11   4   6   2   3

4   (10)   8   5   3 = 50853

Números grandes requerem mais prática, pois você precisa guardar cada soma na cabeça e lembrar de acrescentar 1 cada vez que elas forem iguais ou maiores que 10. Mas, com um pouco de treino, você poderá fazer qualquer conta mais rápido que uma calculadora.

DESENVOLVA OS MÚSCULOS MENTAIS

Os jogos com números são um excelente meio para você aprimorar as habilidades que começou a adquirir. Aqui apresentamos alguns, mas você pode procurar outros em jornais, revistas de quebra-cabeças e jogos eletrônicos. O primeiro passo é entender o conceito e então trabalhar do seu jeito para chegar à solução do modo mais rápido; o segundo passo é aumentar sua rapidez, sem sacrificar a exatidão.

CÁLCULO RÁPIDO EM CADEIA *(respostas na p. 133)*

Os dois cálculos em cadeia a seguir são mais complexos do que os mostrados na página 31 – mas tente resolver ambos de cabeça. Dividir ao meio, dobrar e arredondar são ferramentas que podem ajudar muito. Em quanto tempo você consegue chegar aos resultados corretos?

COMECE COM 20	calcule 10%	× 2	× 12	− 34	÷ 1/3	1/7	eleve ao quadrado	× 99	RESPOSTA

COMECE COM 7	eleve ao quadrado	× 11	− 439	raiz quadrada	20%	eleve ao cubo	eleve ao quadrado	+ 6	RESPOSTA

PADRÕES NUMÉRICOS *(respostas na p. 133)*

Para cada diagrama mostrado abaixo, tente encontrar a relação entre os números e, assim, preencher as casas que estão faltando:

A
4	3	10
1	8	6
2	5	?

B
2	3	10
4	3	14
?	3	12

C
1	4	5
6	3	39
4	3	?

LINHAS CRUZADAS
(respostas na p. 133)

Preencha os círculos vazios com números de 1 a 9, de modo que a soma dos círculos ligados por uma linha seja o número que está na extremidade da linha. Nenhum número poderá ser usado mais do que uma vez.

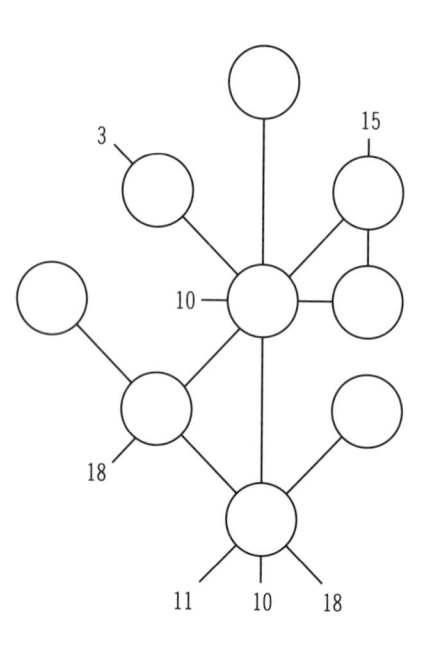

KAKURO *(respostas na p. 133)*

Talvez você já conheça o kakuro, um quebra-cabeça derivado do sudoku, mas que, diferentemente dele, requer a capacidade de somar e subtrair números de cabeça, além da lógica.

Para resolver um kakuro, você precisará colocar números de 1 a 9 nos quadrados em branco, de modo que a soma deles seja igual ao valor indicado à esquerda ou acima, nos quadrados de cor clara. *Em cada soma, na vertical ou na horizontal, não poderá haver números repetidos.* Por exemplo, no canto inferior esquerdo da tabela temos que encontrar os dois números que somam 11, sem esquecer que o primeiro também contribuirá para o total de 24, que consiste na soma dos três números na vertical, e o segundo está em uma soma que dá 13.

Podemos começar pelos dois quadrados marcados com estrelas. Somente a soma de 7 + 9 dá 16 (já que 8 + 8 não é permitido), mas em que ordem? 7 e 9 ou 9 e 7? Se pusermos 9 no quadrado da direita, cuja coluna soma 13, sobra o valor 4 para ser preenchido com 3 algarismos, o que é impossível. Então a ordem fica: 9 e 7. Agora vá preenchendo os outros quadrados.

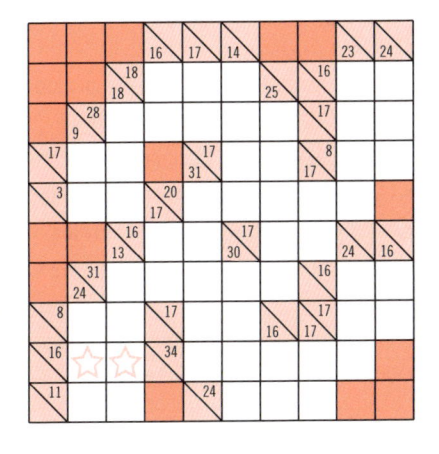

O CÉREBRO ELETRÔNICO

Calculadoras são o máximo – onde estaríamos sem elas? Entretanto, embora sejam muito úteis, elas também têm pontos fracos. Como decidir quando devemos usá-las ou, até mesmo, quando podemos confiar nelas?

AS CALCULADORAS ESTÃO SEMPRE CERTAS?

Normalmente o uso de calculadoras agiliza o trabalho com números. Tente calcular com papel e lápis o preço de 23.587 barris de petróleo que custam R$ 50,41 cada. Entretanto, há um grande risco no uso de calculadoras eletrônicas, que eu chamo de "síndrome da obediência sem atenção". Não é por ser uma máquina que ela está sempre certa! Você é muito mais esperto do que ela. Considere o caso a seguir.

Uma pesquisa é realizada com as famílias de uma pequena rua, chamada Vila Decimal: busca-se descobrir a quantidade de carros que elas possuem. Uma delas tem um carro, as outras nove têm dois carros cada. Imediatamente você conclui que há um total de dezenove carros. Mas, se usar a calculadora para somar $1 + 2 \times 9$, o resultado será 27, completamente errado. As calculadoras científicas sabem que é preciso antes multiplicar ou dividir, só depois somar ou subtrair, mas aquelas comuns, que usamos no dia a dia, fazem as contas na ordem em que aparecem, então elas somam $1 + 2$ e multiplicam por 9. Agora, você até pode usar a calculadora para fazer a conta certa, multiplicando antes 2×9 e só então somando o 1.

Para esse cálculo simples o erro apareceu facilmente, mas

em uma sequência de vários cálculos como adicionar ou subtrair porcentagens ou frações (ver p. 52), com ou sem calculadoras a chance de cometer erros é muito grande. Pense na ordem que você deve seguir para resolver estes problemas:

- Como descobrir o preço de um produto sem *impostos*, se você souber que o preço de venda já inclui 15% de imposto?
- Seu chefe propõe um desconto de 10% no seu salário, mas promete que, em seguida, irá aumentá-lo em 11%. Tentador? (Na verdade você irá receber 0,1% a menos que antes. Para entender, calcule: 10% de *quanto* e 11% de *quanto* se trata?)

VAI E VOLTA DE NOVO

Aqui está uma outra conta interessante para fazer com a calculadora. Digite um número qualquer de três algarismos e repita em sequência os mesmos três algarismos, obtendo um número de seis dígitos – por exemplo, 237237.

Divida esse número por 11. Você terá um número de cinco algarismos. Divida este novo número por 13. Agora o resultado será um número com três ou quatro dígitos. Divida este novo número por 7 e o resultado será aquele primeiro número de três dígitos que você digitou!

Como isso acontece? A pista é que $7 \times 11 \times 13 = 1001$. Para multiplicar um número por 1000, você só precisa acrescentar três zeros; portanto, a multiplicação por 1001 tem como resultado a repetição do número de três algarismos original:

$$237 \times 1000 = 237000$$
$$237 \times 1 = 237$$
$$237000 + 237 = 237237$$

A divisão simplesmente desfaz essa multiplicação. É por isso que a multiplicação e a divisão são conhecidas como "operações inversas".

MATEMÁGICA: 6801

Existe um truque que faz as pessoas imaginarem a existência de algum tipo de mágica. É o que começa com "Pense um número…" Como será que isso funciona? Como você também pode fazer esse truque? A seguir mostraremos como você poderá exibir uma grande habilidade matemática aos seus amigos.

O QUEBRA-CABEÇA
- Escreva um número de três algarismos diferentes entre si.
- Escreva o mesmo número de trás para a frente (por exemplo, se escolheu 259, escreva 952).
- Subtraia o menor do maior. Muitas vezes o resultado terá três algarismos, mas, se ficar com dois, simplesmente considere um 0 na frente (se restou 99, escreva 099).
- Inverta de novo a ordem e, em vez de subtrair, desta vez some os dois números. Essa soma terá quatro algarismos.
- Agora, o ato final: vire o resultado de cabeça para baixo e compare o resultado da sua conta com o número escrito no título da matemágica! O resultado estava aqui, o tempo todo.

A EXPLICAÇÃO
Para descobrir como a mágica funciona, pense no que você fez com as centenas, dezenas e unidades, em termos aritméticos. Suponha que tenha sido escrito o número 348; invertendo a ordem, ele fica 843:

$$\begin{array}{r} c\,d\,u \\ 8\,4\,3 \\ -3\,4\,8 \\ \hline 4\,9\,5 \end{array}$$

Seja qual for o número escolhido, alguns fatos nunca mudam: na coluna de unidades (*u*) o algarismo de baixo sempre é maior que o de cima (pense a respeito) e na coluna de dezenas (*d*) os algarismos serão sempre iguais – neste caso, 4. A conjunção desses dois fatos faz haver sempre um 9 na coluna das dezenas do resultado (já que é preciso tirar uma dezena do número maior para compensar o fato de a unidade, aqui 3, ser menor que a do número menor, 8). Os algarismos da unidade e da centena do resultado sempre somarão nove.

$$\begin{array}{r} c\,d\,u \\ 4\,9\,5 \\ +5\,9\,4 \\ \hline \end{array}$$

Logo, a soma das unidades sempre será 9, assim como a das centenas (*c*), por serem os mesmos números invertidos. A coluna (*d*), por sua vez, sempre terá dois noves, somando 18:

9 18 9

Claro que o 18 deve levar 1 para a coluna de centenas, então o resultado será sempre:

10 8 9

MARCOS DE CONVERSÃO

Converter mentalmente valores de moedas ou de medidas pode ficar mais fácil com o uso de "marcos" memorizáveis – por exemplo, para saber se o preço de um produto típico de uma loja no exterior é razoável, ou se você quer saber quanto é, em quilômetros, uma distância dada em milhas.

É PRECISO SABER COM EXATIDÃO?

Algumas vezes é preciso fazer cálculos com exatidão: você não pode fazer uma conta aproximada na hora de converter moedas para uma viagem ao exterior, por exemplo, nem pode aceitar uma receita com mais ou menos tantas doses ou pílulas de um determinado remédio. Mas, no dia a dia, é mais frequente você precisar apenas dar um "chute", para ter uma ideia de grandeza, baseado em fatores de equivalência fáceis de lembrar.

No capítulo 4 (ver p. 88) apresentaremos mais dados sobre a importância de estimar, mas trazemos aqui algumas ideias que o ajudarão a fazer conversões rápidas de cabeça. Crie seus próprios marcos conforme as circunstâncias apareçam, seja convertendo quantidades de uma receita, seja estimando distâncias de uma viagem ou a área construída de uma casa.

QUENTE OU FRIO?

As escalas Celsius e Fahrenheit indicam a mesma leitura de calor somente quando a temperatura é de -40°. Para todas as outras será necessário fazer contas, mas existem alguns marcos fáceis de memorizar, que o ajudarão a saber, de cabeça, se a temperatura é mais ou menos quente. Por exemplo, sabemos que 0°C = 32°F e, ainda mais útil e fácil de lembrar, podemos memorizar equivalências com números invertidos:

$$16°C = 61°F$$
$$28°C = 82°F$$

Guarde-as na memória, para saber facilmente o valor aproximado de outras temperaturas, sem precisar de fórmulas nem de contas.

DINHEIRO NÃO É TUDO, MAS É 100%

Em vez de tentar saber o valor exato de uma moeda, encontre marcos fáceis de lembrar. Por exemplo, se 1 zloty (moeda da Polônia) vale R$ 0,57, então 10 zlotys valem cerca de R$ 6,00 e 200 zlotys valem pouco menos de R$ 120,00. Guarde esses números e você poderá avaliar facilmente se um café de 6 zlotys em Varsóvia é ou não muito caro.

CURIOSA COINCIDÊNCIA

Um marco simples de equivalência entre milhas e quilômetros é que 5 milhas = 8 km. A partir daí, a equivalência milha/km acompanha a sequência de Fibonacci (ver p. 48). Com os pares dessa sequência, é possível montar uma tabela de conversão de distâncias.

km	8	13	21	34	55	89	144	233	377	610	987
milhas	5	8	13	21	34	55	89	144	233	377	610

FIBONACCI

Leonardo de Pisa (c. 1170-c. 1250), conhecido como Fibonacci, foi um talentoso matemático que descobriu, em 1202, uma sequência aritmética que podia ser usada em diversas situações – inclusive nas mais inesperadas.

LEONARDO E OS COELHOS
Fibonacci descobriu a sequência que leva seu nome quando investigava a velocidade de reprodução dos coelhos. Esse caso é usado até hoje ao se apresentar o conceito.

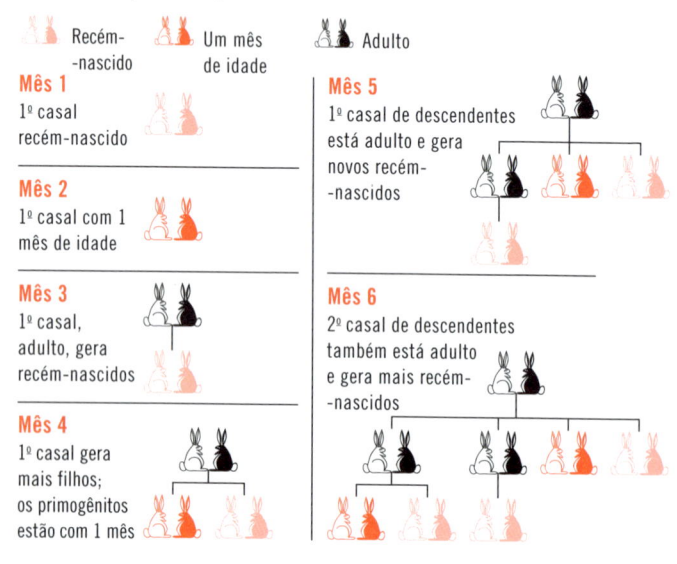

Recém-nascido   Um mês de idade   Adulto

Mês 1
1º casal recém-nascido

Mês 2
1º casal com 1 mês de idade

Mês 3
1º casal, adulto, gera recém-nascidos

Mês 4
1º casal gera mais filhos; os primogênitos estão com 1 mês

Mês 5
1º casal de descendentes está adulto e gera novos recém-nascidos

Mês 6
2º casal de descendentes também está adulto e gera mais recém-nascidos

Se um casal de coelhos procria um casal de filhos por mês, começando com dois meses de idade, quantos casais existirão depois de um ano, supondo que nenhum morra? Fibonacci descobriu que, depois de um mês, haverá ainda um casal; depois de dois meses, haverá dois casais (um adulto e um recém-nascido); depois de três meses, haverá três casais (um adulto, um de um mês de idade e um recém-nascido). A partir do quarto mês, porém, a velocidade de crescimento dá um pulo: 5 pares, depois 8, 13, 21 e assim por diante. A notável estrutura dessa sequência é que cada termo é obtido por meio da soma dos dois termos anteriores:

1 1 2 3 5 8 13 21 34 55 89 144 ...

A SEQUÊNCIA NA NATUREZA

O padrão de procriação dos coelhos é apenas um exemplo teórico, mas a sequência de Fibonacci ocorre com muita frequência na natureza. A flor do girassol é um exemplo excelente. Suas sementes crescem em espiral, formando a sequência de Fibonacci: a 21ª semente, no sentido horário, irá se posicionar ao lado da 34ª semente, esta no sentido anti-horário. O círculo externo contém 89 sementes em uma direção e 55 na outra. As sementes das pinhas também formam espirais que seguem o padrão de Fibonacci, assim como inúmeras conchas marinhas. A quantidade de pétalas de muitas flores é algum número da sequência de Fibonacci: 5, 8, 13, 21, 34, 55 ou 89 pétalas. Essa fascinante relação entre os números é a razão áurea, apresentada no próximo capítulo.

CAPÍTULO 3

RELAÇÕES NUMÉRICAS

Partes de um todo 52
Razões e proporções 59
A razão áurea 64
Médias significativas 68
A de álgebra 71
Bases numéricas 75

Quando pessoas de nacionalidades distintas dizem a mesma coisa, ela soa de maneiras completamente diferentes, pois cada pessoa se comunica em sua própria língua. A matemática já foi descrita como uma linguagem universal, mas também pode ser usada para expressar a mesma ideia de várias maneiras. Você talvez entenda 50% e 0,5 apenas como dois modos de dizer "metade", mas neste capítulo compreenderá melhor os números fracionários e aprenderá, por exemplo, como o 2 também pode ser 10, ou mesmo *a* ou *x*.

Ao reconhecer os diferentes modos como as quantias podem ser representadas, bem como as relações que os números estabelecem entre si, você se sentirá muito mais à vontade para usá-los na vida cotidiana.

PARTES DE UM TODO

É comum confundir frações, decimais e porcentagens, mas isso pode ser evitado. Longe de serem entidades distintas, são simplesmente modos diferentes de representar a mesma coisa: partes de um todo. A opção de trabalhar por meio de porcentagens ou decimais pode facilitar alguns cálculos, mas é importante lembrar que os dois não passam de frações representadas sob formas diferentes.

UMA FRAÇÃO COM OUTRO NOME

As frações nos mostram em quantas partes iguais está dividido um todo: $1/16$ equivale a uma de 16 partes iguais, $3/4$ equivale a três de quatro partes iguais, e assim por diante. Como nosso sistema numérico está baseado no número 10 (ver p. 75), dezenas e centenas são divisões muito comuns, e estas são, muitas vezes, representadas como decimais e porcentagens: $1/10$ equivale a 0,1 ou 10%, e $1/100 = 0,01$ ou 1%.

A marcação de divisões iguais ao longo de uma linha (que representa o todo, ou 1) mostra como as mesmas frações podem ser diferentemente representadas.

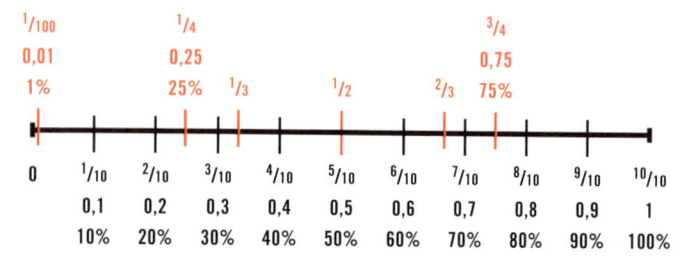

DECIMAIS RECORRENTES

Você deve ter percebido que $1/3$ e $2/3$ não foram representados como decimais ou como porcentagens na linha da página ao lado. Ao converter $1/2$ em decimal, na calculadora, você obtém um número exato: $1 \div 2 = 0{,}5$. Mas tente dividir 1 por 3. Qual é o resultado?

Os decimais são limitados pelo fato de que só podem representar números que sejam dezenas, centenas ou milhares exatos. A calculadora lhe mostrou o $1/3$ como $0{,}33333333$ – e essa não é a resposta correta, pois o número 3 se repete infinitamente. Por convenção, os decimais recorrentes são representados, na escrita, com um dígito encimado por um ponto ou um traço, por exemplo $0{,}\overline{3}$. Sem recorrer à calculadora, você consegue imaginar como $1/9$ seria escrito na forma de decimal recorrente?

Os decimais recorrentes também são chamados dízimas periódicas.

POR QUE NÃO USAR SEMPRE O MESMO FORMATO?

É comum falar e pensar em frações, talvez porque elas podem ser facilmente visualizadas – por exemplo, meia maçã ou uma das oito fatias iguais de um bolo. Mas a porcentagem é um formato mais conveniente para representar a divisão de um todo em partes desiguais. Suponha que o lucro de uma megaloja esteja dividido em frações que mostram a parte de cada departamento no total: roupas esportivas, $1/4$; brinquedos, $3/20$; equipamentos esportivos, $2/5$; roupas masculinas, $1/5$. Não fica evidente, de imediato, qual é o departamento mais lucrativo. Converta, porém, tais números em porcentagens (25%, 15%, 40%, 20%) e tudo ficará mais claro.

Normalmente, é mais fácil adicionar e subtrair decimais do que frações. O que é mais fácil: $1{,}375 + 6{,}4$ ou $11/8 + 32/5$? Essa é uma razão pela qual a maior parte das atuais moedas dos países baseia-se em decimais. Em geral, as porcentagens e os decimais também deixam claro o que, de fato, está representado por uma determinada fração. Tente visualizar, por exemplo, $^{14}/_{25}$ de um número. É muitíssimo mais simples considerá-lo como 56% (56/100).

PORCENTAGENS E A MUDANÇA PERCENTUAL

As porcentagens também são uma maneira conveniente de representar acréscimos ou reduções, como o aumento de salário ou a margem de lucro em produtos de varejo. Trata-se da **mudança percentual**.

Se a altura de uma criança passou de 80 para 100 cm no período de um ano, a diferença é de 20 cm. Para saber o aumento em porcentagem que isso representa, basta dividir a diferença pelo número inicial e multiplicar o resultado por 100. Como $20 \div 80 \times 100 = 25$, concluímos que houve um aumento de 25% na altura da criança.

A utilização de mudanças percentuais em vez de números reais dá margem a possibilidades interessantes, como já foi habilmente percebido por jornalistas e políticos. Suponha que, no ano passado, de 1.000 cirurgias cardíacas realizadas apenas uma tenha resultado na morte do paciente. Já neste ano, somente duas pessoas morreram. Não é um desempenho ruim, sob qualquer critério, mas imagine a manchete:

AUMENTO DE 100% NOS ÓBITOS EM CIRURGIAS CARDÍACAS!

É verdade, mas essa interpretação dos números não nos ajuda muito. Não é raro encontrar na mídia o uso de porcentagens de um modo que induz a erros. Preste atenção aos casos em que a mudança percentual foi empregada com um efeito determinado e veja o que há por trás dos números para entender melhor o que realmente está ocorrendo.

Compare e contraste...

Suponha que, a caminho da concessionária para comprar um carro novo, você pare numa loja e compre sua barra de chocolate predileta. Fica indignado ao descobrir que o preço aumentou de R$ 0,80 para R$ 2! Revoltado, você faz um desvio que leva 10 minutos para comprar o chocolate em outra loja, pelo preço de sempre. Um pouco adiante, depara-se com um enorme anúncio do mesmo modelo de carro que você pretendia comprar por R$ 24.000, em oferta numa concessionária a um quilômetro de distância, por R$ 23.998,80.

Não iria à outra concessionária para comprar o carro – quem faria isso, para economizar apenas R$ 1,20? Mas é exatamente o que você acaba de fazer com o chocolate! O que cria a sensação de grande diferença entre as duas situações é a mudança percentual: no chocolate, ela representava um aumento enorme, de 150%, mas o carro mais barato teve um desconto de 0,005% – apenas cinco milésimos de 1%.

PONTOS PERCENTUAIS

Um equívoco comum é a confusão entre pontos percentuais e a porcentagem real. Em relatórios financeiros publicados em jornais, por exemplo, um aumento de três pontos percentuais na taxa de juros do cheque especial significa que a porcentagem que representa a taxa cresceu três pontos: de 22% para 25%, por exemplo. Isso é completamente diferente de um aumento de 3%.

CONVERSÕES SIMPLES

Veja abaixo um roteiro simples para traduzir números de uma forma em outra. Estes métodos não são necessariamente os mais rápidos, mas eles sempre funcionam – sem exceções.

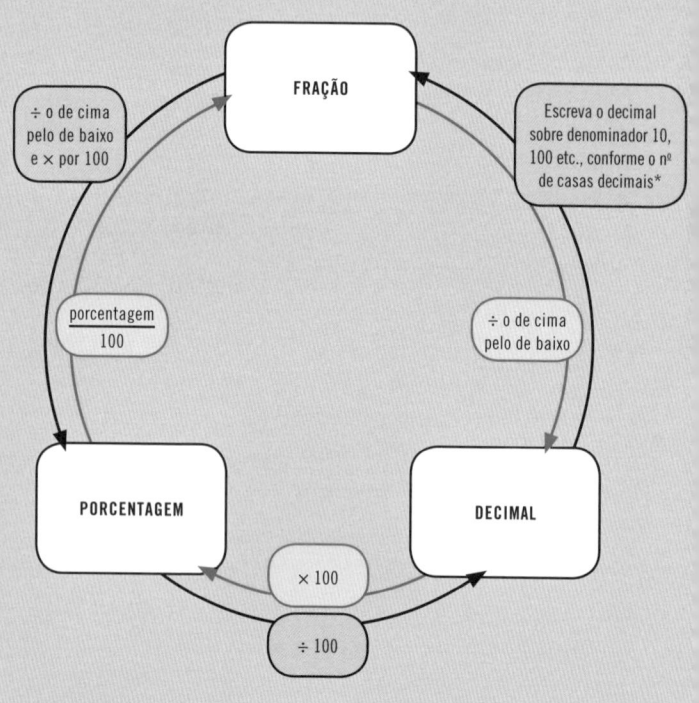

FRAÇÃO

- ÷ o de cima pelo de baixo e × por 100
- Escreva o decimal sobre denominador 10, 100 etc., conforme o nº de casas decimais*
- $\frac{\text{porcentagem}}{100}$
- ÷ o de cima pelo de baixo

PORCENTAGEM

DECIMAL

- × 100
- ÷ 100

*Por exemplo, 6,2 é 6 $^2/_{10}$ e 6,25 é 6 $^{25}/_{100}$. As frações podem, então, ser representadas de modo mais simples – nestes casos, como 6 $^1/_5$ e 6 $^1/_4$.

CALCULANDO PORCENTAGENS DE CABEÇA

O segredo para fazer porcentagens de cabeça é decompô-las em blocos fáceis de lembrar. Os padrões numéricos e as habilidades de dividir ao meio e de dobrar que você já aprendeu são muito úteis (consulte as pp. 34 a 36 para recapitular).

Blocos básicos

O bloco percentual mais básico é 10%. Para obter 10% de qualquer número, basta dividi-lo por 10, deslocando cada dígito uma casa para a direita (ou, dito de outro modo, deslocando a vírgula decimal uma casa para a esquerda).

- Para obter 10% de 26: 26 ÷ 10 = 2,6
- 10% de 13,7 = 1,37
- 10% de 12.340 = 1.234
  (a rigor, 1.234,0, mas o zero pode ser eliminado)

Para obter 1%, faça duas vezes o procedimento dos 10%:

- 1% de 26 = 0,26
- 1% de 6.153 = 61,53
- 1% de 13,7 = 0,137

Dividir ao meio e dobrar podem facilitar o cálculo de outras porcentagens. Como 50% corresponde à metade, você pode tirar rapidamente 5% de um número ao calcular 10% e então dividir ao meio, ou ao calcular 10% de 50%, como nos exemplos a seguir:

- 5% de 26: 10% = 2,6; metade (50%) de 2,6 é 1,3
- 5% de 26: 50% = 13, e 10% de 13 = 1,3

Ao pensar em combinações destes blocos básicos, você pode calcular facilmente qualquer porcentagem. Por exemplo, quanto são 60% de 3.000 km?

- Um bom caminho é fazer 50% + 10%: 1.500 + 300 = 1.800 km. Pronto!
- Como alternativa, pode-se calcular 10% (300 km) e então multiplicar o resultado por 6.

Porcentagens tais como 19% demandam um pouco mais de imaginação, mas isso não é motivo para pânico. Que tal:
- 20% (duas vezes 10%) menos 1%?

Aqui vai uma boa notícia. Aprendemos na escola que havia uma maneira específica de fazer cálculos. Mas, à medida que ganhar confiança, você perceberá que há vários modos de chegar ao resultado desejado e, assim, estará livre para escolher o método que preferir. Calcular porcentagens de cabeça é um bom exemplo desta flexibilidade. Para obter 16% de um número qualquer, pode-se primeiro encontrar 1% e então duplicar o resultado quatro vezes seguidas. Eu preferiria encontrar 10%, somar ao resultado a metade disso (5%) e então somar 1%. Uma terceira pessoa pode optar por encontrar 10%, duplicar o resultado, e então subtrair 4 porções de 1%. No final, nós todos estaríamos certos!

Como você obteria:
- 75% de um número?
- 48%?
- 17,5%?

RAZÕES E PROPORÇÕES

As razões e proporções também permitem representar partes de um todo, mas estão relacionadas a quantidades relativas, em vez de reais. De uma simples mistura de tintas de parede à arquitetura de um edifício, a utilização das razões corretas é fundamental em muitas áreas, para que se obtenham as proporções satisfatórias.

QUEM USA AS RAZÕES MATEMÁTICAS?

Uma razão, descrita como x:y (xis para ípsilon), apresenta uma quantidade em relação a outra. Há muito tempo os exames de matemática propõem questões do tipo quantas latas de tinta azul e amarela são necessárias para obter um tom de verde. Mas as razões têm muitas outras aplicações práticas. Chefs, anestesistas, pedreiros e cabeleireiros, entre outros, devem ter um bom conhecimento dessas equivalências – para preparar com eficácia um molho holandês, uma anestesia, a massa de concreto ou a tintura para cabelo.

Dentro de sua casa, você encontrará razões em instruções de mistura de ingredientes: "Dilua uma parte de suco em quatro partes de água"; "Para cada xícara de arroz, adicione o dobro do volume de água"; "Os valores de NPK (nitrogênio, fósforo e potássio) neste fertilizante são 8:2:6".

As telas de televisores são fabricadas em diversos tamanhos, mas em um número limitado de razões, de modo que a altura seja proporcional à largura segundo cada razão. Uma TV com tela widescreen 16:9 contém 16 unidades de largura por cada 9 de altura, independentemente do tamanho. Quando você alterar o tamanho de uma foto no computador, poderá optar por manter as razões matemáticas contidas nas dimensões da foto. Assim, se você mudar a largura da foto, a altura dela será ajustada na mesma proporção.

OPERANDO COM A RAZÃO MATEMÁTICA

Você já deve ter provado um molho ralo, ou ouvido um pedreiro reclamar de uma mistura de concreto que não "dá liga". A explicação é simples: a razão matemática dos ingredientes estava errada. Uma cabeleireira observa que deve misturar o peróxido de hidrogênio e o corante vermelho na razão de 40:10 (ou 4:1), isto é, para cada 40 ml de peróxido de hidrogênio, ela deve acrescentar 10 ml de corante. Mas, por acidente, despeja 20 ml de corante na bacia. Ela decide então compensar os 10 ml extra de corante com 10 ml extra de peróxido. Logo se ouvirão os gritos da mulher com a cabeça mais vermelha da cidade...

Claro, a cabeleireira deveria ter acrescentado 40 ml de peróxido. A fim de manter constantes as proporções, os números em questão devem ser todos **multiplicados ou divididos** pela mesma quantidade. A menos que a razão seja de 1:1, a adição ou a subtração da mesma quantidade de ambos irá alterar a proporção. Com a adição de apenas 10 ml de peróxido de hidrogênio, a razão da mistura tornou-se 50:20 – ou seja, 5:2, ou 2,5:1.

PROPORÇÕES

A proporção está associada à razão, mas é ligeiramente diferente. A razão mostra a relação entre uma parte e outra; a proporção representa uma parte em relação ao todo. A razão matemática correta na mistura da infeliz cabeleireira era de 4:1, mas isso também poderia ter sido descrito como 1 parte de corante para 4 partes de peróxido. Isso perfaz o total de 5 partes. Logo, a *proporção* de corante é de um quinto (da mistura total).

USANDO A RAZÃO MATEMÁTICA PARA COMPREENDER NÚMEROS GRANDES

Pode ser útil pensar em termos de razão matemática quando se tenta concentrar no real significado dos números grandes. Se a população de um país fictício é estimada em 60 milhões, e o gasto que ela tem com seu Programa Nacional de Saúde é de $ 75 bilhões, pode-se então usar a razão entre esses números para ter uma ideia do gasto per capita:

60 milhões : $ 75 bilhões

Reduzindo ambos os lados desta razão, por etapas, teremos:

$60:75.000 = 6:7.500 = 1:1.250$

Portanto, em média, são gastos $ 1.250 por habitante naquele país.

CALCULANDO A PARTIR DE RAZÕES *(respostas na p. 134)*

Tente resolver os desafios abaixo.
- O campanário da igreja do padre Laertes é habitado por morcegos. Laertes percebe que para cada 20 morcegos pretos há 30 da cor marrom. Se o total de morcegos é de 200, quantos deles são marrons?
- Uma sacola com 90 balas deve ser repartida entre Zacarias, Miqueias e Abdias, de modo proporcional à idade de cada um. Zacarias tem 5 anos, Miqueias, 6 e Abdias, 7. Quantas balas cada um receberá? (Dica: tente descobrir a quantidade de balas por ano de idade.)
- O sangue consiste numa mistura de plasma e vários tipos de células.

No corpo de um ser humano saudável, as células representam 45% do sangue. Como você representaria a proporção entre plasma e células? Qual é a razão mais simples entre plasma e células, considerando apenas números inteiros?

Antes de prosseguir com a leitura, meça os lados de um cartão de crédito, com a maior exatidão possível. Divida a medida maior pela menor, se preciso usando a calculadora. Sua resposta deverá ser de aproximadamente 1,6 – o que significa que a razão entre as duas dimensões é de 1,6:1. Isso não é acidental. Saiba o porquê na página 66.

UMA RELAÇÃO ESPECIAL: O NÚMERO PI
O pi (normalmente representado pelo caractere grego π) é um dos números lendários que fascinam os matemáticos há séculos. Trata-se, talvez, do exemplo mais célebre de um número irracional – aquele que nunca pode ser representado por um decimal exato.

Apesar disso, o π representa uma relação bastante exata: a razão entre o diâmetro de um círculo e seu perímetro. Os gregos antigos descobriram que, ao dividir o comprimento de uma circunferência (o perímetro) pelo comprimento de qualquer linha reta que divida o mesmo círculo pela metade (o diâmetro), teremos sempre a mesma resposta: um número ligeiramente maior que 3,14. Um modo divertido de mostrar isso é juntar algumas pessoas (por exemplo, nove) e lhes pedir que deem as mãos em círculo. Diga que você precisará de exatamente mais um terço do número de pessoas em roda (no caso, três pessoas) para formar uma linha reta que atravesse o círculo. Você acertará em todas as vezes!

Os gregos também constataram que é possível descobrir a área de qualquer círculo ao elevar o raio ao quadrado e multiplicar o resultado por π. Isso resume-se em duas fórmulas sempre ensinadas que talvez você lembre: A (área) = $πr^2$, e P (perímetro) = πd (ou 2πr).

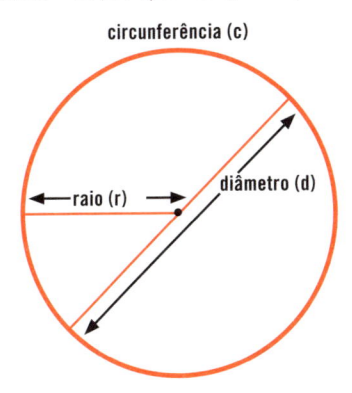

circunferência (c)

raio (r) **diâmetro (d)**

O número 3,14 não passa de uma aproximação do π. Na descrição de 25 casas decimais, π equivale a 3,1415926535897932384626433 – mas este tampouco é o valor exato. Computadores já calcularam π com mais de um trilhão de casas decimais, e não chegaram ao final.

UMA PEQUENA AJUDA DE EINSTEIN
Se você quiser impressionar os amigos, recite os primeiros 15 dígitos do π, depois de memorizar a seguinte citação de Albert Einstein:

"How I need a drink. Alcoholic, of course, after the heavy chapters involving quantum mechanics." *(tradução na p. 65)*

Como isso pode ajudá-lo? Conte o número de letras em cada palavra.

A RAZÃO ÁUREA

Originalmente representada pelo caractere grego ϕ (phi), a razão áurea é também conhecida como proporção áurea, ou proporção divina, devido à beleza que se observa nela. Foi descoberta pelo matemático grego Euclides, mas grande parte do que se acredita ser verdadeiro a seu respeito é, na melhor das hipóteses, frágil, e na pior, completamente equivocado!

O QUE É A RAZÃO ÁUREA?

Como vimos na p. 59, uma razão matemática é uma comparação ou relação entre duas quantidades. Considere uma linha AB sobre a qual há um ponto C. O ponto C está ligeiramente afastado do meio, num ponto em que a razão entre as distâncias AC:CB é igual à razão AB:AC. Esta é a razão áurea.

O valor exato da razão áurea pode ser encontrado ao somar 1 à raiz quadrada de 5 e então dividir o resultado por dois. Ou, escrevendo isso matematicamente: $(1 + \sqrt{5}) \div 2$. A razão é um número irracional – o que significa que ele não pode ser representado exatamente como um decimal, e não contém dígitos recorrentes (ver p. 53). Esta qualidade tem grande importância na natureza (ver p. 67) e também na arte. Mas, antes de examinarmos as ocorrências da razão áurea, é interessante desconstruir dois mitos que a cercam.

DUAS FALÁCIAS COMUNS

Muitos acreditam que a razão áurea é de exatamente 1,618. Embora 1,618 seja uma boa aproximação, ele não é exato, pois a razão áurea é um número irracional.

Existe a crença de que civilizações antigas, como a grega, a romana e a egípcia, eram obcecadas com a razão áurea e a empregavam extensivamente em suas construções, como fizeram artistas da Renascença. Esse argumento é de algum modo falacioso. Sem dúvida, as proporções da razão áurea são agradáveis aos olhos e, por esse motivo, não surpreende que tantas construções ou pinturas consideradas esteticamente atraentes estejam próximas dela (por exemplo, a altura e a largura do rosto da *Mona Lisa* estão perfeitamente ajustadas à razão áurea). Entretanto, a maioria dos exemplos se adapta à teoria de modo retrospectivo. Os artistas e arquitetos buscavam proporções agradáveis aos olhos, as quais depois frequentemente se revelaram em conformidade com a razão áurea. A própria expressão "razão áurea" só surgiu em 1835!

"O belo parece correto por força da beleza..."

Elizabeth Barrett Browning (1806-1861)

Tradução do texto da p. 63: "Preciso muito de uma bebida. Alcoólica, claro, depois dos capítulos complicados envolvendo a mecânica quântica."
O truque só funciona com a frase em inglês. (N.T.)

A RAZÃO ÁUREA E A SEQUÊNCIA DE FIBONACCI

A razão entre termos adjacentes da sequência de Fibonacci (ver p. 48), encontrada quando se divide o maior pelo menor, inclina-se rapidamente na direção da razão áurea:

$$1 \div 1 = 1$$
$$2 \div 1 = 2$$
$$3 \div 2 = 1,5$$
$$5 \div 3 = 1,6666$$
$$8 \div 5 = 1,6$$
$$13 \div 8 = 1,625$$
$$21 \div 13 = 1,615$$
$$34 \div 21 = 1,619$$
$$55 \div 34 = 1,618 \quad (\text{e } 34 \div 55 = 0,618)$$

(Pode-se notar, também, que isso explica a tabela de conversão de quilômetros para milhas da p. 47: como uma milha equivale a aproximadamente 1,6 km, a razão entre ambos se aproxima da razão áurea, acompanhando de perto a sequência de Fibonacci).

A arte geométrica islâmica utiliza largamente os números de Fibonacci, criando padrões refinados. Os artistas consideravam as razões de termos sucessivos como particularmente sagradas, já que $1/_{0,618} = 1 + 0,618$, e 1 é considerado a unidade (ou o universo).

O agradável equilíbrio visual de um retângulo que segue a razão áurea a fez ser usada também no design de objetos modernos, como televisores, janelas, guarnições de porta, revistas e... cartões de crédito.

A RAZÃO ÁUREA NA NATUREZA

As proporções agradáveis da razão áurea explicam sua recorrente utilização na arte e no *design*, mas o verdadeiro fascínio está nas frequentes ocorrências dessa razão e da sequência de Fibonacci na natureza. Um exemplo notável são os ângulos em que as folhas das plantas crescem.

* * * * *

Idealmente, à medida que uma planta cresce, suas novas folhas devem surgir em um ângulo ligeiramente diferente do das folhas situadas logo abaixo, de modo que o novo crescimento não impeça a incidência da luz sobre a folhagem já existente. Mas em que ângulo é melhor que ela cresça? Um ângulo de 90°, por exemplo, faria com que a quinta folha obscurecesse a primeira. A natureza usa a razão áurea para resolver este problema. Em muitas plantas, cada folha dá, ao crescer, (aproximadamente) 1,618 volta ao redor do caule. Isso resulta numa volta completa (360°) e mais aproximadamente 222,5°. Como esse ângulo está ligado à razão áurea, que é irracional e por isso nunca se repete de modo preciso, jamais ocorre uma sobreposição exata de folhas, por mais que a planta cresça.

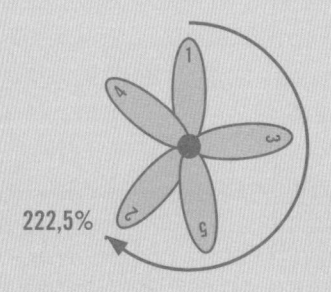

MÉDIAS SIGNIFICATIVAS

Todos nós conhecemos as médias. Elas representam o meio termo, a medida intermediária. No entanto, podem ser calculadas de mais de uma maneira, dando resultados diferentes. Podem também ser mal usadas, com interpretações equivocadas.

A EXPOSIÇÃO DETURPADA DO ÓBVIO

Considere as seguintes afirmações:

"Metade das crianças do país tem desempenho abaixo da média em matemática!" (manchete do jornal britânico *The Times*)

"A família média tem 2,3 filhos."

"A maioria das pessoas tem mais do que o número médio de pernas."

As três afirmações são tecnicamente verdadeiras, mas nenhuma delas tem grande utilidade – a última delas só provoca o riso. Há basicamente três maneiras distintas de se encontrar uma média, e cada uma delas é adequada às circunstâncias dadas. O uso do método errado leva a resultados tolos ou que induzem a erro, como os apresentados acima.

MÉDIA ARITMÉTICA, MEDIANA E MODA

O tipo mais comum de média é a **média aritmética**, por meio da qual todos os elementos são simplesmente somados e divididos pelo número total de itens. Por exemplo, a média aritmética de 2, 6 e 7 é 5, já que 2 + 6 + 7 = 15, e 15 ÷ 3 = 5. Mas isso nada nos diz a respeito de cada número. Por exemplo, a média aritmética de -82, 0, 100 e 2 também é 5. É o uso da média aritmética que torna a afirmação sobre 2,3 filhos matematicamente verdadeira — sem que ela seja, obviamente, realista.

Outro tipo de média é a **mediana**. Ela pode ser útil se quisermos descobrir, por exemplo, que nota um aluno médio tiraria num exame. Para fazer o cálculo, as notas são dispostas em ordem crescente e a mediana é a nota do meio. Se o número de notas for par, a mediana será a média entre as duas notas centrais. Como a metade dos números da lista estará sempre abaixo deste valor central, o uso da mediana torna a afirmação do *The Times* verdadeira. Por melhor que seja o desempenho dos alunos, metade deles sempre estará abaixo da mediana.

Às vezes, nem a média aritmética nem a mediana são úteis — quando queremos descobrir o item mais comum ou popular. Suponha que numa pesquisa de mercado se deseje saber quantas vezes por ano as famílias saem de férias. Ao pesquisar as dez famílias que moram na fictícia Vila Decimal, obteriam-se as seguintes respostas: 1, 1, 1, 1, 1, 2, 2, 3, 4 e 5. Qual seria a melhor representação da média entre elas?

A média aritmética seria (1 + 1 + 1 + 1 + 1 + 2 + 2 + 3 + 4 + 5) ÷ 10 = 2,1. A mediana seria 1,5 (no meio do caminho entre os dois números centrais). Mas esses dois resultados são equivocados, pois não se pode ter um período de férias representado em fração! Faz

> **E A PONTUAÇÃO FINAL É...**
> Em competições, o sistema de pontuação que utiliza a média de pontos dados por um júri é claramente subjetivo. E se o voto dos jurados for influenciado por algum tipo de favorecimento ou de aliança política? Uma maneira simples e inteligente de evitar o problema envolve um tipo diferente de média, a "média condicional": a pontuação mais alta e a mais baixa de cada competidor são descartadas. Com isso, é excluída a possibilidade de que um jurado criterioso demais (ou mesmo com espírito vingativo!) possa influenciar a média exageradamente, para cima ou para baixo.

mais sentido se olharmos para a resposta mais comum, que é 1. Esta é conhecida como a **moda**, ou **valor modal**. Os franceses têm uma expressão, *à la mode*, que significa "popular" ou "na moda". Como a resposta mais frequente é 1, dizemos que esta é a moda. O valor modal de férias entre as famílias da Vila Decimal é de 1 período por ano.

O melhor modo de escolher o tipo de média se baseia na adequação. A afirmação de que a maioria das pessoas tem mais do que o número médio de pernas só pode ser verdadeira em relação à média aritmética ou à mediana, já que a minoria, que tem uma ou nenhuma perna, rebaixa a média para menos de 2 — provavelmente entre 1,99 e 2. Porém, o mais sensato seria dar a resposta por meio do valor modal, que certamente seria 2 pernas.

"Uma boa decisão está baseada no conhecimento, e não nos números."

Platão (c. 428-347 a.C.)

A DE ÁLGEBRA

$E = mc^2$. $a^2 + b^2 = c^2$. Isso lembra algo? Para muitos, a álgebra sintetiza tudo o que há de mais assustador em relação à matemática: inutilidade e abstração. Ainda hoje é uma palavra associada a emoções negativas. Mas não há razões para isso: a álgebra pode ser encarada de modo bem diferente.

O QUE É A ÁLGEBRA, EXATAMENTE?

A definição típica, dada por um leigo, provavelmente não iria muito além de "letras e equações". Mas isso não ajuda a compreender o objetivo e, sobretudo, o valor da álgebra. Portanto, aqui segue uma definição um pouco diferente.

Álgebra é a parte da linguagem matemática que usa símbolos para representar números.

Essa não é, em si, uma ideia complicada. Frequentemente usamos símbolos para representar coisas: códigos de barra, diagramas de conexão, vistos, cruzes, flechas... e então, por que não as letras a, bê ou xis para representar um número?

UM SISTEMA DE INFINDÁVEIS USOS

A álgebra nos permite pensar para além das limitações a um número particular ou a uma determinada série de números. Ela nos permite fazer afirmações matemáticas generalizantes sobre o comportamento dos números dentro de certos parâmetros. Por exemplo, você já deve ter conhecido truques do estilo "Pense em um número...". Eles parecem funcionar sempre, mas como é que as pessoas podem ter tanta certeza de que chegarão à resposta prevista? Aqui vai um exemplo simples.

> Pense em um número; multiplique por 2; some 6; divida por 2; subtraia o número que você pensou no início; sua resposta é 3.

Mas a resposta será sempre 3? Como provar que isso funciona com qualquer número? Existe algum número com o qual esse truque não funciona? Para descobrir, podemos usar noções básicas de álgebra.

Em vez de começar com um número específico, começamos com um xis. Esta letra pode representar o número que quisermos.

- Multiplicando **x**, temos **2x** (duas vezes x, ou "2 vezes o número **xis**").
- Somando 6, teremos **2x** + 6. Note que não estamos somando 6 vezes o nosso número (o que seria **6x**); estamos simplesmente somando 6, conforme nos pede o problema proposto.
- A seguir, temos que dividir por 2. Isso significa dividir cada uma das partes de **2x** + 6. Metade de **2x** é **x**, e metade de 6 é 3; portanto, metade de **2x** + 6 é **x** + 3.
- Por fim, devemos subtrair o número com o qual começamos, e é aqui que está a chave do truque. Estamos simplesmente eliminando aquilo que escolhemos no início – o número que chamamos de **x**. Elimine **x** de **x** + 3 e você terá apenas 3. Nada do que fizemos especificava o número original; portanto, provamos que este truque funciona com qualquer número que **x** represente.

POR QUE A ÁLGEBRA É TÃO IMPORTANTE?

A ideia de que um símbolo possa representar qualquer número é incrivelmente poderosa, pois isso nos permite perguntar "E se...?" em relação a uma série de circunstâncias – ou, como os matemáticos as chamariam, variáveis. A álgebra transformou-se na base para o cálculo, um gigantesco passo adiante no pensamento matemático, que abriu possibilidades em disciplinas como a engenharia e a física. Sem a álgebra, jamais teríamos sido capazes de visitar a Lua, nem de construir jatos ou computadores.

Um dos aspectos que tornaram C. F. Gauss (ver p. 24) conhecido publicamente foi a sua previsão do lugar onde os astrônomos deveriam procurar o planetoide Ceres. Quando esse pequeno planeta "perdido" foi redescoberto, em 1801, isso se deu exatamente no local previsto nos cálculos algébricos de Gauss.

EQUAÇÕES

Embora constitua uma parte pouco apreciada da álgebra, a equação é um elemento crucial desse ramo da matemática. Em sua forma mais simples, ela não passa de um enunciado que afirma que duas ou mais expressões têm o mesmo valor. A solução da equação implica encontrar o valor dos símbolos que representam as partes desconhecidas desse enunciado. É comum que os matemáticos se refiram às equações como *belas*. Embora essa ideia possa parecer engraçada (ou confusa), não há dúvida de que elas têm a capacidade de revelar, a um só tempo, a verdade, a certeza e a lógica – e muitas pessoas acham isso bastante agradável.

O ÚLTIMO TEOREMA DE FERMAT

Uma das equações mais discutidas do século XX foi o Último Teorema de Fermat. Matemático francês do século XVII, Pierre de Fermat (1601-1665) sabia que era possível somar dois números ao quadrado a fim de obter um terceiro.

* * * * *

Por exemplo:

$3^2 + 4^2 = 5^2$
$5^2 + 12^2 = 13^2$

Segundo seu teorema, somente era possível proceder desse modo com quadrados, mas não com cubos (3), com quartas potências (4) ou alguma potência maior. Dito de forma algébrica, Fermat presumia que se a e b eram números inteiros positivos, então a equação $a^n + b^n = c^n$ não tinha qualquer solução para qualquer valor de n que fosse maior do que 2.

* * *

Porém, a comprovação de tal suposição tornou-se um desafio para gerações de matemáticos. Esse teorema aparentemente simples permaneceu sem comprovação por mais de 300 anos, até que o matemático britânico Andrew Wiles o solucionou, em 1995. Atormentado, o próprio Fermat escreveu, nas margens de um livro: "Tenho uma demonstração verdadeiramente maravilhosa, mas não cabe nestas margens". Jamais saberemos qual era a comprovação dele!

BASES NUMÉRICAS

Nosso sistema numérico ocidental está baseado em múltiplos de 10, sendo por isso conhecido como "decimal" ou "de base 10". Este é um dado que tomamos por inquestionável, mas na verdade não há limites para o número de bases numéricas que podemos utilizar. Na realidade, trabalhamos também sobre outras bases numéricas, às vezes sem nos dar conta.

TRABALHANDO COM A BASE HORÁRIA

A soma mostrada abaixo fará lembrar os tempos de escola, quando você aprendeu a iniciar pelas unidades à direita e então transportar "os 10s" para a próxima coluna à esquerda (as dezenas). O valor de cada coluna aumenta, da direita para a esquerda, segundo a multiplicação por 10 (unidades, dezenas, centenas etc.).

```
  c d u
  1 1
  2 5 8
  1 7 7
  4 3 5
```

Agora pense de que modo você poderia adicionar unidades de tempo. Por exemplo, some: 13 horas e 25 minutos com 11 horas e 50 minutos.

```
  h  m
  1
 13h25
 11h50
 25h15
```

Conscientemente ou não, para encontrar a resposta você trabalha sobre a base 60, pois uma hora tem 60 minutos. Se precisasse do total em dias, usaria a base 24, obtendo 1 dia, 1 hora e 15 minutos.

ECOS DA BABILÔNIA ANTIGA

A base 10 requer a utilização de 10 símbolos diferentes (incluindo zero, o imprescindível; ver p. 118) para representar cada um dos valores numéricos: 0, 1, 2, 3, 4, 5, 6, 7, 8, 9. Os antigos babilônios trabalhavam sobre uma inacreditável base 60. Eles utilizavam de 1 a 10 símbolos distintos, mas a representação do 11 consistia num símbolo "10" ao lado de um símbolo "1". O número mais longo, 59, era composto de 50 (cinco símbolos "10" juntos) e 9 (nove símbolos "1"). Tinha lógica, e ainda trazia os princípios de nosso sistema de base 10.

Mas por que escolher uma base tão grande? Possivelmente, pelo fato de 60 conter muitos fatores (pode ser dividido por 1, 2, 3, 4, 5, 6, 10, 12, 15, 20 e 30 com exatidão). Assim, era fácil fazer divisões.

Essa base antiga, porém duradoura, ajuda a explicar por que os relógios são circulares e divididos em 60 unidades; e também por que, em geometria e cálculo, os ângulos são medidos em até 360 graus (60 × 6).

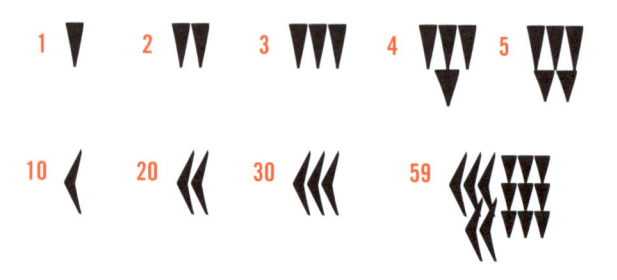

TRABALHANDO SOBRE BASES DIFERENTES

As bases podem usar diferentes números ou símbolos, mas todas funcionam da mesma maneira. Podem ser dispostas em colunas, ou casas, com as unidades (1) à direita, seguidas do número de base. Para a base 10, as casas são unidades (1), dezenas (1 × 10), centenas (10 × 10), milhares (100 x 10) e assim por diante. Para a base 3, elas são **1**, **3** (1 × 3), **9** (3 × 3), **27** (9 × 3), **81** (27 × 3) etc.

Assim, como seria possível trabalhar com, digamos, 176 sobre base 3? Comece com o maior valor de base 3 inferior a 176, ou seja, 81. Para encontrar o valor de cada casa inferior, pergunte-se: quantas vezes o número da casa se encaixa no valor restante?

Quantos 81 em 176?	Quantos 27 em 14?	Quantos 9 em 14?	Quantos 3 em 5?	Quantos 1 em 2?
2	0	1	1	2
81 × 2 = 162; restam 14 (176 − 162)	27 é grande demais para caber em 14	Restam 5 (14 − 9)	Restam 2 (5 − 3)	

Portanto, a representação de 176 em base 3 é 20 112.

O SISTEMA BINÁRIO *(respostas na p. 134)*

A base 2, ou sistema binário, é particularmente importante para a ciência. Como apenas os dígitos 0 e 1 são usados, eles podem ser indicados por "ligado" ou "desligado", pelo impulso elétrico ou pela ausência dele. Considerando as casas 1, 2, 4, 8 etc., de que modo:
- o número 5 seria representado no sistema binário?
- o número binário 110 seria representado no sistema de base 10?

INTERLÚDIO
MATEMÁTICOS CÉLEBRES

Muitos matemáticos brilhantes contribuíram, com suas descobertas, para a ampliação do nosso conhecimento. Alguns nomes são bastante familiares, como Isaac Newton, Arquimedes e Albert Einstein, mas vários outros por algum motivo não atingiram o status de "superstar", apesar de suas enormes conquistas. Aqui estão algumas das pessoas não tão conhecidas que deram novos moldes à matemática e, mais, à nossa própria maneira de raciocinar.

Marie-Sophie Germain (1776-1831). Embora fosse uma matemática talentosíssima nos séculos XVIII e XIV, Marie-Sophie foi desaconselhada de seguir carreira na área, por ser mulher. Mesmo não tendo recebido educação formal, ela foi capaz de estudar às escondidas, e deu início a uma correspondência – e uma amizade – de muitos anos com C. F. Gauss (ver p. 24), que cobriu de elogios o trabalho dela sobre a teoria dos números e o Último Teorema de Fermat. Durante grande parte de sua carreira, ela fingiu ser homem ao se corresponder com outros matemáticos, por receio de não ser levada a sério.

Srinivasa Ramanujan (1887-1920). Bem pouco conhecido no Ocidente fora do círculo acadêmico, o indiano Ramanujan foi um pensador de grande originalidade e, em grande medida, autodidata. Conta-se que, na visita que fez a Oxford para encontrar o matemático G. H. Hardy, ele deparou-se com um táxi cujo número era 1729. Ante o comentário de Hardy, de que este era um número completamente desinteressante, Srinivasa o corrigiu, observando que 1729 era (é claro) o menor número obtido a partir da soma de quartas potências de duas maneiras diferentes. Mas provavelmente você já sabia disso!

David Blackwell (1919-2010). Nascido nos EUA, Blackwell obteve o título de PhD em matemática com a incrível idade de 22 anos. Talvez seja o mais bem-sucedido matemático afro-americano e, se tivesse nascido cinquenta anos mais tarde, poderia ter alcançado bem antes a fama mundial que sua habilidade merecia. Seu ponto forte era a estatística, tendo sido o coautor da obra *Theory of games and statistical decisions* ("Teoria dos jogos e decisões estatísticas"), de 1954.

William Rowan Hamilton (1805-1865). O mais célebre e brilhante matemático irlandês, Hamilton concebeu a ideia dos quatérnions, que possibilitaram que -1 tenha não apenas uma, mas várias raízes quadradas (ver p. 131). Ele nunca obteve o merecido reconhecimento, em parte porque sua ideia é tão complexa ao ponto que se torna de difícil compreensão para alguém que não seja matemático!

Al-Khwarizmi (c. 780-c. 840). Este extraordinário estudioso persa trouxe contribuições significativas para a geografia e a astronomia, mas é lembrado sobretudo por seu trabalho pioneiro em álgebra. Até o momento em que ele começou a usar letras para representar números, o mundo baseava-se, em grande medida, na limitada matemática com base geométrica dos gregos. A palavra "algarismo" é derivada da forma latina do nome de Al-Khwarizmi.

John Napier (1550-1617). Matemático escocês, John Napier recebeu erroneamente o crédito pela invenção dos logaritmos, que, por sua vez, levaram a descobertas importantes na matemática. No entanto, ele foi de fato um pioneiro ao publicar, em 1614, *A description of the admirable table of logarithms* ("Descrição da admirável tábua de logaritmos"), obra que ajudou a difundir os logaritmos. Napier foi imensamente popular, o mais próximo que os séculos XVI e XVII tiveram de um astro da ciência. Muitas pessoas têm contato com sua obra por meio dos Ossos de Napier, um conjunto de bastões que possibilita cálculos rápidos de multiplicações complexas.

Hipácia de Alexandria (c. 370-415). Tida como a primeira mulher a destacar-se na matemática. A política teocrática da época obscureceu boa parte de sua biografia, mas sabe-se que ela foi professora de matemática e de filosofia no Egito do século IV. Foi provavelmente assassinada por invejosos fanáticos religiosos, já que ela desfrutava da simpatia e do respeito tanto de homens quanto de mulheres, devido à sua erudição e aos seus modos graciosos.

Brahmagupta (598-670). Se já é difícil escrever um livro-texto sobre matemática, o que dizer, então, da dificuldade de escrevê-lo em versos? Pois foi o que Brahmagupta fez, no ano de 628, com seu *Brahmasphutasiddhanta*. Trata-se do primeiro livro-texto a referir-se ao zero como um número independente e do primeiro a publicar a fórmula para a solução de equações quadráticas.

Ada Lovelace (1815-1852). Filha de Lorde Byron, Ada foi pioneira em computação. Conta-se que ela disse: "Em quase todo tipo de cálculo, pode haver uma grande variedade de arranjos para a sucessão dos processos [...] o essencial é escolher o arranjo capaz de reduzir ao máximo o tempo necessário para a realização do cálculo". Um resumo perfeito para este livro!

CAPÍTULO 4

A MATEMÁTICA DO DIA A DIA

Forças de mercado 84
A importância das estimativas 88
Investimentos e empréstimos 91
O mercado financeiro 95
Navegação 97

Nossa vida cotidiana está repleta de números e de cálculos, do troco em uma compra ao cálculo detalhado do orçamento doméstico, do registro da diferença na altura de seus filhos à medição da quantidade de tecido para o vestido de uma noiva. À medida que você afina sua percepção dos números, talvez se sinta atraído pelo modo como a matemática se revela parte integrante de tantos aspectos da vida, da bolsa de valores ao sistema de GPS do seu carro.

Volta e meia, os números nos demandam uma reflexão maior: este desconto é tão bom quanto parece? Como saber qual é a melhor proposta de empréstimo? O que significam as várias taxas de juros em termos financeiros reais? Bancar o avestruz, enterrando a cabeça na terra em vez de enfrentar a realidade por trás dos números, pode implicar a perda de boas oportunidades — ou, o que é pior, a possibilidade de ser trapaceado.

FORÇAS DE MERCADO

Encontramos a matemática do dia a dia com frequência quando vamos às compras. É impossível ter controle total sobre os gastos, mas é sensato estar ciente de algumas influências exercidas nos preços, para não sermos enganados por transações ilusoriamente "boas".

ECONOMIA DE ESCALA

Por que é que, quanto maior a loja, menor é a capacidade deles de fixar um preço para seus produtos? Em grande medida, isso tem a ver com a economia de escala. (O exemplo abaixo não inclui impostos.)

Suponha que eu queira importar um carro do Japão, para revendê-lo a um cliente. Cada vez que compro carros, devo pagar por seu preço de fábrica (digamos, R$ 12.000 por unidade), pelo frete (R$ 2.000), pela licença de importação de veículos (R$ 2.000) e, finalmente, pelo aluguel de um armazém para guardá-lo (R$ 2.000). Para um único carro, isso significa que devo cobrar do cliente R$ 18.000 (custo unitário), se não quiser perder nem lucrar. Se, contudo, eu tiver quatro clientes, posso dividir entre eles o custo do frete, da licença e do armazenamento. Isso quer dizer que o custo total, para mim, é agora de R$ 54.000, mas meu custo unitário — ou seja, o custo total dividido pelo número de unidades (4) — cai para R$ 13.500, uma redução de R$ 4.500, ou 25%.

É essa divisão dos custos, quando feita em escala industrial, que permite aos compradores em grande escala cobrar preços mais baixos que os dos compradores em pequena escala. Talvez não seja financeiramente viável, por exemplo, embarcar mil bonecas para dar a volta ao mundo antes de chegar ao consumidor. Mas, se você estiver negociando milhões delas, poderá economizar ao importar de países que possam oferecer grandes quantidades a um baixo custo unitário — mesmo considerando os custos com o frete.

A negociação em larga escala também faz que você aumente seu "poder aquisitivo". Hoje em dia, os grandes supermercados compram 80% de todos os alimentos comercializados. E os fazendeiros têm se mostrado dispostos a aceitar um preço unitário menor por seus produtos, em razão da grande venda que lhes é garantida.

Da mesma forma, a economia de escala se aplica aos produtos do varejo. As lojas têm condições de vender grandes embalagens de sabão em pó ou de batata-palha a um preço mais vantajoso por quilo do que se vendessem embalagens pequenas — em parte porque isso implica uma proporção menor entre embalagem e conteúdo.

UMA PECHINCHA?

As habilidades matemáticas podem ser úteis no momento das compras. Se o dinheiro está escasso, é preciso ter certeza de que se está fazendo um bom negócio. As lojas constantemente buscam atrair a nossa atenção para ofertas "imperdíveis", que levam à tentação de gastar. Mas essas ofertas são boas como parecem? Ao praticar as habilidades matemáticas mentais aprendidas no capítulo 2, você será capaz de distinguir entre o bom negócio e a pura enganação.

Um acrônimo sem grandes encantos, mas cada vez mais comum no universo do marketing, é o BOGOF, das iniciais em inglês para a frase

"Compre um e leve dois". É uma mensagem direta e um bom negócio (contanto que você esteja interessado nos dois itens em promoção).

Outra promoção bastante popular é "três pelo preço de dois". Algumas pessoas se confundem e acham que é o mesmo que o "BOGOF". Mas, antes de se precipitar com essa oferta, faça algumas contas de cabeça. Você a princípio economizará um terço do custo de cada produto. Mas, se a promoção se estender a uma série de produtos, em vez de produtos idênticos, provavelmente a loja lhe dará de graça o mais barato deles. Se o preço unitário for baixo, em que medida isso será uma pechincha? E você realmente tinha interesse naquele produto ofertado? Leve também em consideração a mudança percentual (ver p. 54), o que o ajudará a manter um senso de proporção.

LINGUIÇAS E BATATAS *(respostas nas pp. 134-135)*

Considere as seguintes ofertas para linguiças e batatas:

MERCADO	PREÇO DA LINGUIÇA	PREÇO DA BATATA
Alamanda's	R$ 1,17 a unidade	R$ 0,78 por 100 g
Pechincha Total	R$ 1,59 a unidade (hoje: 4 pelo preço de 3)	Somente embalagens de 200 g, a R$ 1,47 cada
Esquina da Economia	R$ 1,35 a unidade (hoje: desconto de 10%)	Somente embalagens de 500 g, a R$ 7,20 (hoje: compre 1, leve 2)

- Qual é o melhor lugar para comprar 12 linguiças?
- E para comprar 1 quilo de batatas?
- Qual dos mercados é mais vantajoso para comprar as duas coisas?

CÓDIGOS DE BARRA

Você nunca lhes deu muita atenção. Porém, a aritmética por trás destas barras e dígitos é um exemplo fascinante das informações ocultas no universo dos números.

* * * * *

O padrão mais comum de códigos de barras é o Código Universal de Produtos, com 12 dígitos. Uma lata de guaraná normal deve ter um código diferente de uma lata de guaraná light, que, por sua vez, requer um código diferente de um fardo com seis unidades, e assim por diante. Cada produto à venda tem um código de barras único. O maior número possível, de 12 algarismos, é 999.999.999.999, um a menos que 1 trilhão.

Cada dígito é codificado em quatro barras (branca/preta/branca/preta)

Os seis primeiros dígitos indicam o país de origem e o fabricante

7 898091 927206

Os seis dígitos seguintes representam o produto e são atribuídos pelo fabricante

Dígito verificador

A engenhosidade aritmética está no 13º dígito (que normalmente aparece no início), chamado "dígito verificador". Para identificar os produtos, os computadores têm de saber se seus códigos foram lidos com precisão. Você pode fazer o mesmo:
- Primeiro, some os dígitos das posições 1, 3, 5, 7, 9 e 11 e então multiplique o total por 3.
- A seguir, some todos os algarismos das posições 2, 4, 6, 8, 10 e 12 e adicione o total obtido ao resultado da multiplicação.
- Separe o último algarismo (o da unidade) do total obtido e subtraia-o de 10. O resultado deve ser igual ao dígito verificador.

A IMPORTÂNCIA DAS ESTIMATIVAS

Às vezes, nos sentimos impotentes diante da quantidade de detalhes que exigem os cálculos matemáticos, e esquecemos que só precisamos de uma aproximação adequada. Porém, uma vez percebido isso, é possível simplificar o problema e encontrar uma resposta para ele.

OLHANDO POR TRÁS DOS NÚMEROS

Confrontados com a necessidade de fazer um cálculo de bate-pronto – a quantidade de tinta a comprar, a gorjeta a deixar para o garçom –, muitas pessoas têm um "branco": como faço para calcular a porcentagem disto aqui? Como transformar as medidas da parede em galões de tinta? Diante do impacto causado por tantos e inúmeros detalhes, uma medida sensata é criar o hábito de olhar por trás de "todos estes números" e considerar, com calma, o seu verdadeiro valor.

Em primeiro lugar, pergunte-se: preciso saber a quantidade exata ou um valor aproximado? Com frequência, é deste último que se trata.

Suponha que, numa conta de R$ 68,54 no restaurante, seja sugerida uma gorjeta de 12,5%. À primeira vista, isso pode parecer assustador, mas olhe para os números com "olhos de estimativa". Considerando que a conta é de aproximadamente R$ 70, pode-se dizer que 10% disso é R$ 7, que 15% é R$ 10,50 (o primeiro valor mais a metade), portanto 12,5% consistirá num número entre ambos, ou aproximadamente R$ 8,50. (A resposta exata é R$ 8,57, ou seja, a rápida estimativa feita por você é precisa o suficiente para a situação.)

Pratique esse tipo de estimativa e verifique na calculadora sempre que possível, para saber a que distância você está da resposta exata. Com a prática, você deve aprimorar a capacidade de estimar, bem como afinar a percepção em relação ao que os números de fato representam.

PARA CIMA OU PARA BAIXO?

Segundo as convenções, um número que está exatamente entre dois números redondos pode ser arredondado para cima (assim, 385 está mais próximo de 390 do que 380). Porém, a escolha de como arredondá-lo e de o que é um número redondo vai depender do contexto: 4.816 normalmente seria arredondado para baixo, 4.800, já que está mais próximo deste do que de 4.900. Mas, se for importante usar a generosidade ao errar (por exemplo, ao fazer uma estimativa de mantimentos ou de hospedagem), então 4.850 ou 4.900 será uma aproximação mais sensata.

> ### QUANTO É "APROXIMADAMENTE"?
> O que torna uma aproximação aceitável? A resposta está nas "ordens de grandeza". Elas dizem respeito ao tamanho de um número. Quanto maior ele for, maior a margem aceitável de erro. Se, por exemplo, um país tem 59.470.877 habitantes, as estatísticas oficiais talvez registrem este número como 59 milhões. Na verdade, a diferença entre os números é de mais de 450.000, mas pelo fato de esta ser uma pequena fração do número original isso é considerado uma margem aceitável. Então por que não arredondar para 60 milhões? Não há razão nenhuma para isso. Tudo dependerá do grau de exatidão necessário. Portanto, tanto 4.820 quanto 4.800 ou 5.000 são aproximações adequadas para 4.816, dependendo do grau de exatidão exigido.

MAIS UMA DEMÃO DE TINTA

A seguir, um exemplo de como a estimativa – e um pouco de imaginação – podem poupar cálculos trabalhosos e desnecessários.

O caminho mais sinuoso para calcular a quantidade de tinta necessária para a pintura de uma sala seria multiplicar a altura das paredes pelo seu comprimento para encontrar a área total; então, calcular a área de todas as portas e janelas e subtraí-la do número anterior. Por fim, dividir a resposta pela capacidade de cobertura da tinta.

Um truque simples, que resultará numa resposta aproximada o suficiente, é usar a porta como referência estimativa. A área de uma porta interna padrão é de aproximadamente $2\,m^2$. Lembre-se de que esta conversão não é exata, mas uma mera aproximação para lhe dar números fáceis de serem manipulados. O rótulo dos galões informa qual é a cobertura aproximada que se pode esperar da tinta: tipicamente, cerca de $12\,m^2$ por litro. Assim, bastaria 1 litro para pintar a área de seis portas. Agora, faça a estimativa, calculando visualmente ou com os braços esticados, de quantas vezes a porta cabe dentro da sala. Isso lhe dará uma ótima estimativa da quantidade de tinta necessária. (Desconsiderar o espaço das janelas e portas normalmente compensa o fato de as paredes serem mais altas que a porta.)

Uma alternativa inteligente é medir as laterais da sala em metros e dividir por 6 para obter o número de litros necessários. Consegue perceber por que isso funciona?

Lembre-se de arredondar para cima, e não para baixo – e não se esqueça de deixar uma margem, nos cálculos, para a segunda demão!

INVESTIMENTOS E EMPRÉSTIMOS

Você já se sentiu perdido ao calcular o custo de um empréstimo ou o ganho com os juros de um investimento? Os juros a serem pagos, no primeiro caso, ou acumulados, no segundo, são dois lados de um malabarismo financeiro, que obedece a regras de matemática básica.

MATEMAJUROS

Uma pessoa empresta uma quantia a alguém, que concorda em pagá-la de volta em um número pré-fixado de parcelas – cada uma delas representando uma fração da quantia emprestada, à qual será acrescido o pagamento de juros. A pessoa que empresta deve sempre mencionar a taxa anual de juros, em que estará baseado o cálculo exato dos pagamentos. Se você tomar emprestados R$ 100, por exemplo, à taxa anual de 34%, os juros serão acumulados de forma regular. Se estivermos falando de juros simples, ao final de um ano você deverá R$ 134, caso não pague nada até lá.

Contudo, esse quadro simples é agravado por dois fatores. Se você, ao longo dos meses, pagar uma parte da quantia que deve (conhecida como "quantia principal"), o total a ser pago diminuirá e, com isso, diminuirá também o total de juros sobre o valor que deve.

O segundo fator complicador são os juros compostos. Imagine um investimento que anuncie uma taxa de 12% ao ano: se você investir R$ 100, quanto terá ao final de um ano? Pela taxa de juros simples, terá R$ 112, mas com os juros compostos (através dos quais quase todos os investimentos e taxas de empréstimos são calculados) seu saldo será um pouco maior.

Com os juros compostos, a taxa anual é dividida por 12, para lhe dar uma taxa mensal – no caso desse investimento, 1%. A soma mensal destes juros ganhos com a quantia inicial de R$ 100 implica que, a cada mês, a quantia à qual estão sendo acrescentados os juros também está crescendo, já que os juros também incidem sobre juros.

A tabela abaixo mostra o que acontece. O saldo final é um pouco superior aos R$ 112 que você receberia com os juros simples.

MÊS	DEPÓSITO	JUROS	SALDO
janeiro (início)	R$ 100,00	R$ 1,00	R$ 101,00
janeiro (fim)	R$ 101,00	R$ 1,01	R$ 102,01
fevereiro (fim)	R$ 102,01	R$ 1,02	R$ 103,03
março (fim)	R$ 103,03	R$ 1,03	R$ 104,06
abril (fim)	R$ 104,06	R$ 1,04	R$ 105,10
maio (fim)	R$ 105,10	R$ 1,05	R$ 106,15
junho (fim)	R$ 106,15	R$ 1,06	R$ 107,21
julho (fim)	R$ 107,21	R$ 1,07	R$ 108,29
agosto (fim)	R$ 108,29	R$ 1,08	R$ 109,37
setembro (fim)	R$ 109,37	R$ 1,09	R$ 110,46
outubro (fim)	R$ 110,46	R$ 1,10	R$ 111,57
novembro (fim)	R$ 111,57	R$ 1,12	R$ 112,68
dezembro (fim)	R$ 112,68	R$ 1,13	R$ 113,81

O cálculo dos juros *(respostas na p. 135)*

Pode-se usar uma fórmula simples no cálculo da quantia final: **Q = P × (1 + j)ⁿ**. **Q** é a quantia final, **P** é a principal, **j** é a taxa anual de juros e **n**, o número de anos. O **n** da potência mostra que a soma dos números entre parênteses deve ser multiplicada por ela mesma. Assim, $(1 + j)^3$ equivale a $(1 + j) \times (1 + j) \times (1 + j)$. Use a fórmula para saber qual destes investimentos é mais lucrativo.

A R$ 400 investidos a juros compostos de 5% ao ano durante três anos. (Dica: 1 + j = 1,05.)

B R$ 380 investidos a juros compostos de 4% durante cinco anos.

COMPRAR ATÉ NÃO PODER MAIS?

Ao comprar uma máquina de lavar, um sofá ou um carro, você vai notar que o vendedor fará de tudo para parcelar o pagamento em muitas prestações. Mas não seria melhor para a loja receber o valor total de uma só vez? A resposta está na comissão oferecida às lojas para que vendam à base de financiamentos. Embora tais empréstimos possam lhe parecer mais atraentes do que o pagamento de um valor enorme à vista, você precisa ser habilidoso para decidir se esta é ou não a melhor opção.

À parte as prestações sem quaisquer juros – que são sempre economicamente mais viáveis do que o pagamento antecipado da quantia total –, você deve saber calcular quanto desembolsará no total. Para isso, descubra qual é a taxa de juros (ver p. 91) e calcule o valor dos juros sobre o custo do próprio produto.

NEGÓCIO BOM
(E RÁPIDO)

Um vendedor pode lhe apresentar preços bem atraentes à primeira vista. Mas como decidir se é de fato um bom negócio? Um cálculo rápido do custo real, ainda que aproximado, pode lhe trazer uma economia considerável.

* * * * *

Quando o vendedor oferecer a opção do pagamento parcelado, faça o seguinte:

- Primeiro, calcule quanto você pagaria em um ano (ver p. 91). Uma maneira fácil de calcular isso de cabeça é simplesmente acrescentar um 0 à quantia mensal para obter o valor correspondente a 10 meses. A seguir, some duas mensalidades para chegar ao resultado de 12 meses.
- Um grande número de empréstimos é pago em 36, 48 ou 60 parcelas mensais. Estes números equivalem, respectivamente, a três, quatro e cinco anos. Assim, multiplique por 3, 4 ou 5 para saber o custo total do empréstimo (a soma das parcelas).
- Ao subtrair o custo original da soma das parcelas, você saberá quanto a mais pagará pelo privilégio de parcelar a compra.

Você ficará surpreso ao perceber a enorme utilidade disso tudo. E com frequência mostrará um desempenho melhor do que o vendedor ao manejar a calculadora.

* * *

Lembre que uma pequena variação nas parcelas mensais poderá fazer grande diferença no valor total – e faça sempre os cálculos.

O MERCADO FINANCEIRO

Índice Bovespa – o nome pode não ser estranho, mas quais são os princípios matemáticos por trás dele? Ficamos sabendo de enormes ganhos e perdas no mercado de ações, mas poucos compreendem como isso ocorre.

OS INVESTIDORES
Não existe a entidade chamada "o mercado". O que há são compradores e vendedores. Pode causar surpresa, mas há muito mais investidores trabalhando em casa, como autônomos, do que em bancos e instituições financeiras. E, apesar das mistificações, o conhecimento de matemática que isso exige é bem básico.

A MATEMÁTICA DOS INVESTIMENTOS
Os investidores compram ações para tentar vendê-las em alta, antes que seu valor decresça. Em primeiro lugar, eles calculam a chamada relação risco × retorno financeiro, atentando para os valores recentes mais altos e baixos das ações que pretendem negociar. Esses valores são conhecidos, respectivamente, como "nível de resistência" e "nível de suporte". Quando o preço de uma ação está em alta, o retorno consiste na diferença entre o mais alto preço recente e o preço atual; o risco consiste na diferença entre o preço atual e o mais baixo preço recente.

Suponha que os números sejam os seguintes: 255 pontos (alta recente), 210 pontos (baixa recente) e 225 (preço atual). O retorno potencial é de 30 pontos (255 − 225), mas a perda potencial é de 15 (225 − 210). Portanto, a relação entre risco e retorno financeiro é 30:15, ou 2:1. Investidores cautelosos não aplicarão seu dinheiro a menos que essa relação seja de pelo menos 3:1. Assim, esse investimento provavelmente não despertaria o interesse deles.

A MATEMÁTICA POR TRÁS DO LUCRO

Tendo escolhido uma ação, é preciso decidir sobre a quantia a ser investida. Cada investimento particular deve envolver apenas 1% do capital do investidor, de modo que, se ele der errado (em média, é o que ocorre na metade dos casos!), isso não seja uma catástrofe. Como é possível ganhar dinheiro se a metade de seus investimentos é mal-sucedido? Está lembrado da relação entre risco e retorno? Isso significa que, se você se ativer a uma proporção de pelo menos 3:1, cada transação bem-sucedida dará um retorno de pelo menos três vezes o investimento inicial. Suponha que você faça dez transações, das quais sete dão errado e três são bem-sucedidas. Se cada uma delas representar 1% de seu patrimônio líquido, você terá perdido 7%, mas as outras três transações darão um retorno de 3% cada, totalizando 9%. Portanto, você obteria um lucro líquido de 2% sobre o patrimônio líquido.

É claro que isso não deve ser tomado como um conselho, já que é impossível garantir que se pode ganhar dinheiro dessa forma.

"Dinheiro é como esterco: só é bom quando bem distribuído."

Francis Bacon (1561-1626)

NAVEGAÇÃO

A partir do momento em que os primeiros seres humanos começaram a viajar ao redor do globo, surgiu a necessidade de saber a posição em que se encontravam e determinar a direção a ser seguida. Seja orientada pelo Sol e pelas estrelas, seja por meio de satélites artificiais, a navegação sempre se baseou em cálculos matemáticos.

MÉTODOS TRADICIONAIS

Os navegadores valiam-se de pontos fixos conhecidos, como a estrela Polar, ou um ponto de referência, para poder calcular sua posição aproximada. O azimute (ver p. 99) foi criado para descobrir essas direções com alguma exatidão.

Quando a terra firme não estava à vista, os únicos objetos permanentemente visíveis eram o Sol e as estrelas, que mudam de posição o tempo todo, dia e noite. Saber que o Sol estava em sua posição mais alta ao meio-dia permitia aos navegadores calcular sua latitude (localização ao norte ou ao sul). Contudo, o desconhecimento da longitude (leste-oeste) trouxe dificuldades ao comércio e à exploração dos mares até o século XVIII (ver página seguinte).

Mas, quando se fixou a hora exata em Greenwich, os navegadores puderam calcular a hora local usando medidas celestes. Multiplicando a diferença entre os dois horários por 15 (dado que cada 15 graus a leste ou a oeste representam diferença de uma hora), eles podiam calcular com exatidão sua longitude.

> **O CÁLCULO DA LONGITUDE**
>
> A chave para o cálculo da longitude no mar consistia em saber o horário exato. Contudo, o relógio de pêndulo – o mais comum nos séculos XVII e XVIII – não poderia manter a exatidão se estivesse a bordo de um navio, balançando sobre as ondas. Além disso, condições atmosféricas, como por exemplo as mudanças de temperatura, podiam afetar a precisão do relógio. Em 1714, o governo britânico ofereceu uma generosa recompensa para quem solucionasse este problema, que vinha desafiando grandes homens, como Galileu e Newton. A solução foi finalmente apresentada em 1755, por John Harrison, um fabricante de relógios. Após três tentativas falhas, ele chegou a um relógio de bolso (posteriormente conhecido como H4) que mostrava a hora exata mesmo em alto-mar, por não depender de pêndulos, e dispunha de um mecanismo para compensar a oscilação das temperaturas.

SISTEMAS DE POSICIONAMENTO GLOBAL

Embora nossos métodos de medição sejam hoje mais exatos e tenham tecnologia muito mais avançada, a matemática usada na identificação de um local qualquer na Terra continua bem semelhante.

Os Sistemas de Posicionamento Global (GPS, sigla em inglês) são pouco mais do que sofisticados sistemas de triangulação, que usam sua posição em relação àquela de vários satélites em órbita ao redor da Terra, a fim de indicar a sua localização. Diferentemente do relógio de bolso de Harrison (ver texto acima), os microchips dentro dos sistemas de GPS podem fazer isso muitas vezes por segundo. Em vez de marcar os graus de longitude e latitude, os sistemas oferecem mapas embutidos – mas o princípio é o mesmo.

LOCALIZANDO-SE

Qualquer localização sobre a Terra pode ser definida por meio de sua latitude e longitude. As coordenadas de onde você está ou para onde vai são definidas por um azimute, que é medido em graus, como ângulos num círculo.

* * * * *

Imagine-se em pé, no centro de um círculo gigante sobre o solo, de frente para o norte. Esta direção é conhecida como azimute (que sempre tem três dígitos). Se você virar 90 graus à direita, por exemplo, este é o azimute de 090°).

* * *

Você pode descobrir as coordenadas de pontos de referência familiares para localizar-se num mapa. Suponha que está vendo uma igreja a oeste e um lago a nordeste. Se a igreja está a oeste em relação a você, você deve estar a leste da igreja (azimute de 090°). Então, trace uma linha partindo da igreja na direção leste. Usando semelhante raciocínio, trace uma linha a partir do lago na direção sudoeste (225°). O ponto de intersecção entre as duas linhas mostrará a sua localização.

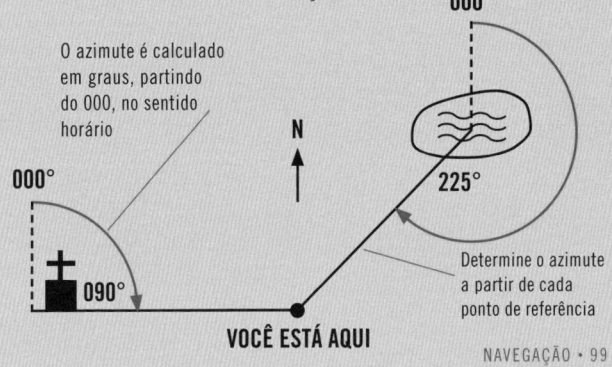

O azimute é calculado em graus, partindo do 000, no sentido horário

Determine o azimute a partir de cada ponto de referência

VOCÊ ESTÁ AQUI

NAVEGAÇÃO • 99

CAPÍTULO 5

NÚMEROS: PODE-SE MESMO CONTAR COM ELES?

Estatísticas: pode-se confiar nelas? 102

É tudo uma questão de escala 106

Chance e probabilidade 108

O Problema de Monty Hall 112

Quais são as probabilidades? 114

No dia a dia, os números são confiáveis e seguros. Algumas vezes, porém, o modo como são usados pode fazê-los parecer escorregadios, pouco confiáveis. A frase "Há três tipos de mentiras: as mentiras, as mentiras malditas e as estatísticas!"[1] expressa muita sinceridade. Entretanto, a culpa não é dos números, mas de sua interpretação e do contexto em que são usados. Por exemplo, "50%" é uma expressão sem significado, a menos que esteja claro: 50% de quê? A compreensão incorreta das estatísticas ou o medo de lidar com números podem nos seduzir a acreditar em quase tudo. O objetivo deste capítulo é revelar o que se oculta por trás dos números e mostrar que os fatos matemáticos podem, às vezes, estar em conflito com as nossas hipóteses instintivas.

---

1   Frase atribuída ao escritor americano Mark Twain. (N.T.)

ESTATÍSTICAS: PODE-SE CONFIAR NELAS?

As pessoas tendem a encarar as estatísticas desta forma: ou aceitam seus resultados sem questionamento ou então os rejeitam com ceticismo. Qual é a opção mais sensata? A primeira atitude se baseia na ignorância; a segunda, provavelmente no medo. Aqui, preferimos questionar tudo isso, para descobrir o que, de fato, a estatística tem a dizer.

A REALIDADE POR TRÁS DAS ESTATÍSTICAS

A estatística envolve porcentagens e, particularmente, a mudança percentual, que pode criar confusões, como vimos no capítulo 3 (p. 54). Com frequência, os números são usados sem rigor, com preguiça ou com base numa compreensão equivocada. Talvez você tenha lido na imprensa, por exemplo, que uma dose extra de bebida alcoólica por dia faz aumentar em 6% o risco de câncer de mama na mulher. Essa ameaça poderia ser suficiente para levar muitas mulheres a abandonar a bebida por completo. Contudo, basta um pouco de pesquisa para descobrir que é altamente improvável que as mulheres desenvolvam câncer de mama como resultado desse drinque extra. Na verdade, 9% das mulheres serão vítimas do câncer de mama aos 80 anos de idade, e 6% de 9% representa pouco menos de 0,5% ($0,06 \times 0,09 = 0,0054$ ou 0,54%).

Não é fácil visualizar porcentagens brutas, mesmo quando elas são exatas. Por isso, é sensato traduzi-las em termos de pessoas em cada grupo de 100, ou de 1.000. No exemplo acima, fica mais fácil entender esse 0,5% se dissermos que é a proporção de 1 em cada 200 mulheres.

A apresentação mais clara (e muito menos alarmante) da mesma estatística seria: "Normalmente, 18 mulheres em cada grupo de 200 (9 em 100) podem desenvolver câncer de mama aos 80 anos de idade. Se todas as mulheres tomarem uma dose de bebida alcoólica por dia, essa proporção cresce para 19 em 200". Fique sempre atento para o real significado das porcentagens, e pergunte-se: "xis por cento *de quê?*".

> **FALTAS NO TRABALHO**
> O que você concluiria se lesse esta manchete?
>
> **40% DOS EMPREGADOS FALTAM SEGUNDA OU SEXTA POR DOENÇA**
>
> A reação instantânea mais comum do leitor é concluir, com ares de entendido: de fato, segunda e sexta são dias muito mais atraentes para faltar ao trabalho por motivo de doença, assim se pode fazer um fim de semana prolongado.
>
> Agora, faça os cálculos. Se, a cada dia de uma semana de cinco dias úteis, exatamente o mesmo número de pessoas falta no trabalho, que porcentagem delas irá se ausentar numa segunda-feira? E numa sexta? Qual é a soma dos dois? Os 40% talvez causem surpresa por mostrar que às segundas e sextas se falta tanto quanto nos outros dias!

CONJUNTO DE CAUSAS OU CORRELAÇÃO CASUAL?

Outro engano comum é a suposição de que, se há um aumento de A, seguido de aumento semelhante em B, então A deve ter sido a causa de B. Como há muitos exemplos em que A e B estão, de fato, associados, é bastante fácil concluir erradamente que isso sempre ocorre. Em um exemplo divertido, na Escandinávia, pesquisadores descobriram que, quanto mais cegonhas faziam ninhos no telhado de uma família, mais filhos essa família tinha. Não havia evidência alguma de que as cegonhas fossem a causa do nascimento dos filhos, ou vice-versa. Mas basta um pouco de raciocínio para ver que, quanto mais filhos você tiver, maior a probabilidade de que a sua casa seja grande e, assim, tenha um telhado grande — que poderá aninhar mais cegonhas! Do contrário, é como dizer que as temperaturas globais estão relacionadas diretamente ao número de indivíduos que personificam Elvis Presley, já que ambas as coisas aumentaram bastante em décadas recentes.

MÉTODOS DE COLETA DE DADOS

Os estatísticos normalmente trabalham com base em amostras muito pequenas. Por exemplo, a partir de uma amostra de 500 pessoas pode-se obter um resultado tão válido para uma população de 5 milhões quanto

O VERDADEIRO MÉTODO ALEATÓRIO

O conceito comum de método aleatório é o da distribuição ampla, ou da seleção que não privilegie uma área ou um tipo em relação a outro(a). Uma seleção aleatória de representantes dos estados brasileiros deve incluir algum que esteja a oeste do rio Araguaia; uma coleção aleatória de roupas não deve conter apenas meias. Quem joga na loteria talvez busque a escolha aleatória selecionando números igualmente distantes entre si, em vez de apenas um conjunto de números adjacentes. Contudo, a seleção aleatória é muito diferente de uma distribuição homogênea. Se espalharmos arroz sobre um piso de lajotas, muitos grãos cairão sobre algumas lajotas e bem poucos sobre outras. A percepção equivocada do que é aleatório explica, por exemplo, o pânico gerado pelas estatísticas que dizem que o câncer ocorre mais que a média em alguns lugares. Na verdade, a constatação da maior parte dessas concentrações consiste, simplesmente, em ocorrências matemáticas aleatórias, não refletindo um perigo real.

para 1 milhão – contanto que a amostra seja a mais aleatória possível. Entretanto, nem os profissionais da estatística a consideram uma ciência exata, e os números são sempre acompanhados de uma margem de erro – um indicador de sua confiabilidade. Uma amostra maior pode elevar a confiança que os estatísticos têm nos resultados, reduzindo a margem de erro.

MARGENS DE ERRO

Se, por exemplo, uma pesquisa é apresentada com 4% de margem de erro, isso quer dizer que, a cada 25 vezes que você repeti-la, obterá em média um resultado falso – ou seja, há 4% de chances de que o resultado da pesquisa em questão esteja errado!

As margens de erro são importantes na hora de determinar o significado dos resultados. Suponha que o índice de popularidade de um político apontado por uma pesquisa é de 46% e, quando esta é repetida uma semana depois, de 48%. Isso não significa, necessariamente, que o índice aumentou. Se a margem de erro em ambas as pesquisas é de 3%, o primeiro resultado deve, então, ser lido como "entre 43% e 49%", e o segundo resultado será algo entre 45% e 51%.

PODEMOS, ENTÃO, CONFIAR NAS ESTATÍSTICAS?

Certamente, contanto que nunca as consideremos exatas e sempre formulemos as perguntas corretas. Ao deparar com uma porcentagem, sempre pergunte *de quê* é tal porcentagem, quais foram os critérios de medição, qual é o tamanho da amostra, qual é a margem de erro e se há outros fatores que podem influenciar o resultado.

É TUDO UMA QUESTÃO DE ESCALA

Os índices comparativos de vários dados são com frequência apresentados na forma de gráficos. Os gráficos são úteis para dar maior clareza aos números, mas também oferecem oportunidades esplêndidas para representações equivocadas.

A LEITURA DE GRÁFICOS E TABELAS

Ao deparar com a perspectiva de apresentar números piores que os esperados, os indivíduos, as empresas e até os governos são tentados a dar a esses números o viés mais otimista possível. Considere o diagrama abaixo, criado pelo gerente de vendas. Aparentemente, os resultados de sua equipe, nos últimos dois anos, têm sido esplêndidos: à primeira vista, as vendas parecem ter mais do que dobrado desde o primeiro ano.

No entanto, algumas indicações essenciais foram convenientemente omitidas no eixo vertical. Em vez de começar do zero (o procedimento honesto), o gerente decidiu mostrar apenas o topo de seu gráfico de vendas. Se cada linha horizontal do gráfico representar, digamos, 100 vendas, e suas vendas no 1º ano totalizaram 5.000 itens, as vendas do 3º ano (5.500 itens) representarão, na verdade, um aumento de apenas 10% em relação às do 1º ano.

É fácil manipular gráficos; portanto, verifique sempre os parâmetros usados nas comparações e os números por trás do efeito criado. Gráficos simples podem ser manipulados com a intenção de exagerar ou minimizar mudanças relativas. Gráficos em pizza também passam a impressão de mostrar um todo, mas é possível que representem apenas parte do conjunto.

Considere estes dois gráficos, que representam a tentativa de emagrecer de Annabel e de Bárbara. Qual delas parece estar se saindo melhor? A inclinação no gráfico de Annabel é mais íngreme, dando a crer que ela teve progresso mais rápido. Agora olhe atentamente para os eixos horizontais: o que mudou ao se observarem os números? Quantos quilos cada uma perdeu até 15 de janeiro, por exemplo?

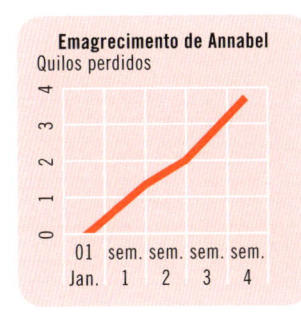

Emagrecimento de Annabel
Quilos perdidos

Emagrecimento de Bárbara
Quilos perdidos

CHANCE E PROBABILIDADE

A probabilidade determina não apenas as chances de um apostador ganhar numa corrida de cavalos ou na loteria, mas também questões práticas cotidianas, como o valor do seguro a pagar e o risco de sofrer determinados acidentes.

O *CONTINUUM* DA PROBABILIDADE

A probabilidade é uma das áreas mais mal compreendidas da matemática: na visão mais otimista, suas leis estão distantes de qualquer obviedade; na mais pessimista, contrariam o bom senso.

Imagine uma linha horizontal que tenha 0 na extremidade esquerda e 1 na direita. Podemos mapear todos os eventos futuros em algum ponto dessa linha, de acordo com o seguinte princípio. Se algo não tem chance de ocorrer, sua probabilidade é de 0, ou 0%. Se acontecerá com certeza, a probabilidade é de 1, ou 100%. Os demais eventos estão situados em algum ponto entre esses dois. Um fato com chances iguais de acontecer ou não (por exemplo, tirar "coroa" ao jogar uma moeda para o alto) tem probabilidade de exatamente 0,5, ou 50%. O boletim meteorológico que prevê 50% de possibilidade

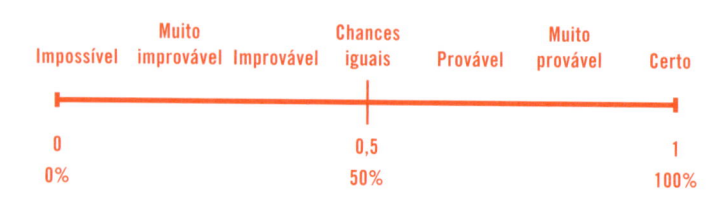

Impossível	Muito improvável	Improvável	Chances iguais	Provável	Muito provável	Certo
0			0,5			1
0%			50%			100%

de chuva está dizendo, na verdade, que há tantas chances de chover quanto de não chover – uma informação que não ajuda muito.

COMO A PROBABILIDADE É CALCULADA

A probabilidade de um evento acontecer é calculada pela divisão do número de maneiras pelas quais ele pode ocorrer pelo número total de resultados possíveis. Isso pode parecer mais complicado do que é. Imagine que você queira calcular a probabilidade de tirar um número *maior* que 4 ao jogar um dado.

- De quantas maneiras isso pode acontecer: 2
 (o dado pode mostrar um 5 ou um 6)
- Qual o total de possíveis resultados: 6
 (ele pode mostrar 1, 2, 3, 4, 5 ou 6).

Portanto, a probabilidade de você tirar um número maior que 4 é 2 ÷ 6, ou $2/6$. Isso é o mesmo que $1/3$; assim, pode-se supor que tiraremos 5 ou 6 a cada três vezes, mais ou menos.

Mas por que mais ou menos? Há uma diferença importante entre probabilidade teórica e resultados mensurados. Quanto mais vezes uma ação for repetida, mais próximos os resultados estarão da probabilidade teórica. Se você jogar um dado infinitas vezes (o que, na realidade, é impossível), perceberá que o número 5 ou o 6 aparecerá exatamente um terço das vezes – a vida refletiria a teoria com precisão. Mas, se você o jogasse uma mera centena de vezes, ou mesmo mil vezes, na hipótese mais otimista poderia dizer que há chances de o 5 ou o 6 aparecerem cerca de um terço das vezes. É sobre esse elemento de chance que as apostas (e isso inclui os investimentos no mercado de ações) se baseiam. É por isso que os registros passados, seja o das apostas em cavalo de corrida, seja o dos altos e baixos das ações de uma empresa, são importantes na tentativa de prever futuros desempenhos ou resultados com a maior precisão possível. Mas não são a mínima garantia de nada que possa ocorrer no futuro.

As leis da probabilidade determinam, por exemplo, o custo da apólice de seguro. As companhias calculam as probabilidades de que você tenha um acidente de carro ou de que a sua casa seja arrombada por meio do cálculo das chances de ocorrência desses eventos – a mesma regra usada para determinar as chances de tirar um número no dado, mas com mais variáveis. O custo do seguro do carro será pago com base em critérios como idade, tipo de veículo e local de residência, bem como a ponderação das chances de a companhia de seguros ter prejuízo com o negócio a ponto de cancelar o contrato.

O ENIGMA DA DATA DE ANIVERSÁRIO PARTILHADA
(respostas nas pp. 135-136)
As chances de certos eventos ocorrerem são muitas vezes bem diferentes do que se imagina. Um dos mais famosos enigmas matemáticos sobre a probabilidade é o chamado Problema de Monty Hall (ver p. 112), mas faço aqui uma pergunta mais direta relacionada às chances. Quantas pessoas deve haver numa sala para que exista probabilidade maior do que 50% de que pelo menos duas delas façam aniversário no mesmo dia? 100? 500? É incrível, mas a resposta é de apenas 23. Como isso é possível?

- A probabilidade de você e eu fazermos anos no mesmo dia é 1

em 365. Assim, a chance de que meu aniversário caia num dia *diferente* do seu é de 364 em 365, ou cerca de 99,7%.
- A probabilidade do aniversário de uma terceira pessoa cair em um dos 363 dias restantes é de 363 em 365.
- Uma quarta pessoa tem chance de 362 em 365 (cerca de 99,2%) de ter o aniversário num dia diferente de nós três.
- Prosseguindo este raciocínio, a 23ª pessoa terá chance de 346 em 365 (cerca de 93,7%) de ter o aniversário num dia diferente do das demais.

Para calcular a probabilidade de que dois eventos ocorram juntos, devemos multiplicar as probabilidades de ocorrerem isoladamente. Por exemplo: a probabilidade de tirar "cara" ao jogar uma moeda ao alto, três vezes em seguida, é de $1/8$ ($1/2 \times 1/2 \times 1/2$), ou 12,5%.

Ao multiplicar todas as probabilidades de dias de aniversário: $364/365 \times 363/365 \times 362/365$ e assim por diante, quando chegar a $346/365$ (a 23ª pessoa), você terá 49,3% como resposta. Como isso representa pouco menos do que a metade, terá alcançado o ponto exato em que passa a existir a chance maior do que 50% de duas pessoas no grupo partilharem a mesma data.

No entanto, ao deparar com esse problema, muitos o interpretam de modo equivocado: "Quantas pessoas devem estar na mesma sala para haver a probabilidade de que uma delas faça aniversário no mesmo dia que *eu*?" Não é, obviamente, a mesma pergunta. Outra pergunta: quais são as chances de o seu aniversário cair no mesmo dia que o meu (1º de julho)?

O PROBLEMA DE MONTY HALL

Este célebre problema estatístico, com o nome do apresentador de um programa de variedades da TV americana, tem desafiado cérebros brilhantes.

Suponha que você esteja num programa de televisão em que deve adivinhar por trás de qual de três portas está o prêmio máximo: um carro. Atrás das outras duas portas há uma cabra. Você indica a porta. O apresentador do programa (que sabe onde está o carro) abre uma porta *diferente* da escolhida por você, para lhe mostrar uma cabra. Nesse momento, ele lhe dá a chance de manter a escolha original ou de escolher a outra porta fechada. É vantajoso mudar?

A resposta intuitiva é: manter a primeira escolha ou mudar não faz qualquer diferença. Afinal, existem agora duas portas fechadas – atrás de uma, uma cabra; da outra, um carro. As chances certamente são de 50:50, ou iguais. É incrível, mas você *deve* mudar: ao fazê-lo, sua chance de ganhar será *duas vezes maior*.

No início, é igual a probabilidade de que você faça uma das três escolhas:

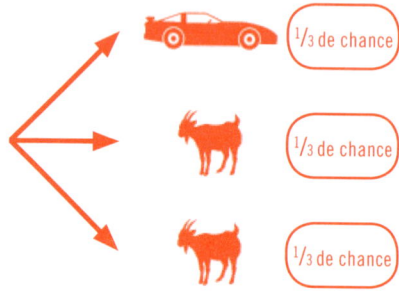

- $1/3$ de chance (carro)
- $1/3$ de chance (cabra)
- $1/3$ de chance (cabra)

Entretanto, veja o que acontece num segundo estágio, dependendo de sua decisão (mudar ou manter a escolha original):

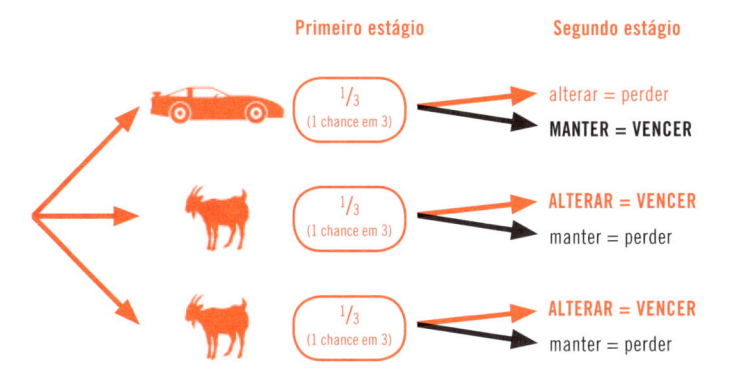

Primeiro estágio   **Segundo estágio**

- 1/3 (1 chance em 3) — carro: alterar = perder / **MANTER = VENCER**
- 1/3 (1 chance em 3) — cabra: **ALTERAR = VENCER** / manter = perder
- 1/3 (1 chance em 3) — cabra: **ALTERAR = VENCER** / manter = perder

Alterando a escolha a partir da cabra você vence, ao passo que se alterá-la a partir de um carro você perde. Considerando que, em média, você escolherá a cabra 2 vezes em cada 3 tentativas, em dois terços das vezes a alteração resultará em vitória.

Tente isso com um amigo, usando três cartas de baralho. Use um ás para representar o carro e dois coringas para representar as cabras. Com a frente das cartas voltada para você, peça a ele que escolha uma das três. Mostre um dos coringas que *não* foi escolhido por ele. Pergunte se ele deseja mudar de ideia e alterar a escolha original. Revele o resultado final e anote-o: acerto ou erro. Se vocês jogarem um número suficiente de vezes, verão que, ao optar pela alteração, ele vencerá aproximadamente duas vezes mais do que se preferir manter a escolha original.

QUAIS SÃO AS PROBABILIDADES?

Compreender melhor as chances traz, de fato, alguma vantagem para o apostador ou é tudo uma questão de sorte?

O EQUILÍBRIO DAS PROBABILIDADES

O princípio de todas as apostas e jogos de azar é o equilíbrio das probabilidades. Na roleta de um cassino, os pagamentos mais altos são feitos para apostas feitas num número específico, mas as chances de este número sair são pequenas ($1/36$ ou $1/38$, dependendo da roleta). A opção por uma aposta entre números pares e ímpares dá uma probabilidade alta de vitória (50%), mas o ganho final é baixo. Já numa corrida de cavalos, você pode aumentar as probabilidades de escolher o vencedor se souber algo sobre o desempenho prévio dos cavalos.

Alguns tipos de aposta podem ser influenciados pela habilidade e pela experiência, outros são pura sorte. Encaixa-se na segunda categoria a loteria. Pelo elemento de sorte que ela implica, bem como pela popularidade, é interessante considerar a matemática por trás dela.

A LOTERIA – NÃO PASSA DE LOTERIA?

De um modo geral, todas as loterias são parecidas: você paga pela escolha de um conjunto de números e vence se seus números coincidirem com alguns ou com todos os números oficiais, sorteados ao acaso. Na maior loteria do Brasil, a Mega-Sena, a escolha de 6 entre 60 números significa que existem 50.063.860 combinações possíveis. Portanto, a chance de a sua combinação ser sorteada na íntegra é de pouco mais de 1 em 50 milhões – não se trata de uma probabilidade muito estimulante.

Por mais eficaz que seja a sua intuição, não há nada que possa ser feito para aumentar as chances de ganhar. Entretanto, é possível maximizar o total do seu prêmio, no caso de vitória. O ponto-chave é a divisão do prêmio acumulado entre todos os que acertaram a combinação de números. Imagine que você ficou sabendo que ganhou o prêmio, mas a seguir descobriu que o dividirá com mais 5 mil apostadores... O truque, portanto, é optar por números escolhidos pelo menor número possível de pessoas. Assim, caso ganhe, você receberá uma fração maior do prêmio.

Escolha um número de 1 a...

As pessoas tendem a se apegar ilogicamente a certos números ou grupos numéricos, tais como datas significativas ou sequências "especiais" (milhares de apostadores escolhem sempre 1, 2, 3, 4, 5 e 6). Assim, para reduzir o número total de potenciais ganhadores, inclua pelo menos alguns números acima de 31, evite aqueles que formam padrões óbvios e busque a aleatoriedade. Lembre-se, contudo, de que selecionar números que aparecem distribuídos de forma homogênea em seu volante de loteria não é o mesmo que escolher aleatoriamente. Na verdade, "escolher aleatoriamente" é, matematicamente falando, um paradoxo, já que no aleatório não há escolhas (ver p. 104).

"A sorte ajuda de fato as pessoas de bom senso."

Eurípides (c. 480-406 a.C.)

CAPÍTULO 6

A MARAVILHA DOS NÚMEROS

Zero: alguma coisa e nada 118
Números primos 121
Códigos: um enigma matemático 124
É o caos! 126
Descobrindo os fractais 128
Um mundo sem números? 130
Entrando no mundo do irreal 131

Costumamos olhar para os números como ferramentas usadas em cálculos tediosos (mas necessários) — um meio para atingir determinada finalidade. Mas eles também têm vida própria: relacionam-se uns com os outros de maneiras surpreendentes e estão na base de alguns dos padrões naturais mais incríveis.

Alguns números, ou relações entre números, também têm características que fascinam os matemáticos desde as épocas mais antigas. O campo da matemática inclui não apenas "números reais" — os algarismos que nos são familiares —, mas números irreais, números irracionais e até mesmo números imaginários. E os princípios que regem a existência dos números podem, ainda, conter a chave para futuras descobertas sobre os segredos do universo.

ZERO: ALGUMA COISA E NADA

Os filósofos têm opiniões divergentes sobre a real existência do "nada", mas para os matemáticos não resta qualquer dúvida em relação a isso. O zero é um número de extrema importância, cuja invenção representou enorme progresso em muitas áreas do pensamento matemático.

ANTES DO ZERO

Quando os números eram escritos com mais de uma "casa" (ver p. 75), um 3, digamos, poderia significar 3, 30 ou mesmo 300 em nosso sistema decimal (de base 10); sobre outras bases, isso era ainda mais complicado. Para superar esse problema, os antigos babilônios introduziram duas marcas inclinadas para indicar o lugar em que uma "casa" vazia aparecia no meio de um número: ❛❛ Tal símbolo é conhecido como "guardador de lugar". E, ainda hoje, essa função de representar o lugar vazio é uma importante função do zero.

O ZERO JUNTA-SE À SEQUÊNCIA DE NÚMEROS

O "nada" costumava ser considerado simplesmente como "a ausência de todas as coisas" – até o momento em que os matemáticos indianos (e não os árabes ou os babilônios como se acreditava) se deram conta, por volta do século VII d.C., de que o zero era um número independente dos demais, que poderia ter seu lugar na sequência de números e que, de algum modo, se comportava como um número.

Passou, então, a ser representado com o símbolo 0 e foi difundido pelos comerciantes árabes – que, por isso, normalmente recebem o crédito por sua invenção. Na verdade, os indianos, os árabes, os babilônios e até os gregos antigos participaram do desenvolvimento desse conceito fundamental da matemática. Inexplicavelmente, o símbolo 0 caiu em desuso por um longo período. Foi somente no século XVII, quase mil anos mais tarde, que voltou a ser usado.

A HISTÓRIA DO ZERO
A palavra "zero" tem origem no sânscrito *sunya*, que significa "vazio" ou "nada". O número passou a ser denominado dessa forma à medida que percorria as rotas comerciais da Ásia e da Europa. Os árabes o chamaram de *sifr* (de onde vem a palavra "cifra", que significa um tipo de código secreto). Esse termo foi incorporado ao latim como *zephirum*, que virou *zefiro* em italiano. Os venezianos abreviaram o termo para "zero".

QUAL A UTILIDADE DO ZERO PARA A MATEMÁTICA?
Além de ser "guardador de lugar", o zero contribuiu para a solução de equações cada vez mais complexas, quando os matemáticos perceberam que era um número real. Como a adição ou subtração de 0 não altera o valor de outro número, a resolução de expressões ficou mais fácil para os matemáticos. Eles passaram, também, a encontrar soluções para hipóteses até então não comprovadas. A compreensão do zero contribuiu ainda para o desenvolvimento do pensamento em relação ao infinito e aos limites. Isso foi essencial para o desenvolvimento do cálculo, um dos mais poderosos conceitos matemáticos.

O COMPORTAMENTO SEM PAR DO ZERO

Como sabemos, somar ou subtrair o zero não muda nada: 6 + 0 = 6, e 1.546 − 0 = 1.546. Mas o que dizer da multiplicação e da divisão?

* * * * *

A multiplicação por zero pode representar uma armadilha para as pessoas, mas também é um conceito fácil de ser apreendido: 8 × 0 = 0, pois oito partes de nada continuam sendo nada. No entanto, a divisão apresenta um desafio mais interessante.

Hoje, não faz qualquer sentido dividir por zero. Digo "hoje", pois é possível que no futuro algum matemático brilhante descubra um novo modo de pensar sobre este conceito. Enquanto isso não acontece, pergunte-se: quantas vezes 0 cabe dentro de 8? Certamente, a resposta não é 0, pois 0 × 0 = 0. A resposta tampouco é 8, e nenhuma outra resposta faz sentido.

Se pudéssemos dividir por zero, seria possível provar coisas ridículas. Por exemplo:

4 × 0 = 5 × 0

Este enunciado matemático é verdadeiro, já que ambos os lados da equação equivalem a 0. Porém, ao dividir os dois lados por 0, teríamos 4 = 5... uma contradição total.

A solução que os matemáticos deram ao problema consiste, simplesmente, em definir o processo de divisão por zero como algo sem sentido e impossível.

* * *

Se um boletim meteorológico informa que a previsão para amanhã é de que esteja duas vezes mais frio do que hoje e hoje está fazendo 0°C, qual será a temperatura amanhã? (resposta na p. 136)

NÚMEROS PRIMOS

Os números têm certas propriedades em comum. Por exemplo, todos os inteiros têm fatores – números pelos quais podem ser divididos com exatidão. Aqueles que possuem apenas dois fatores (eles próprios e 1) são conhecidos como números primos – e fascinam os matemáticos há séculos.

A PENEIRA DE ERATÓSTENES

Os gregos antigos já conheciam os números primos. O matemático grego Eratóstenes (c. 276-194 a.C.) descobriu um modo muito simples de chegar até eles.

- Em primeiro lugar, Eratóstenes escreveu os números de 1 a 100.
- Eliminou o 1, já que ele tem apenas um fator e, portanto, não é um número primo.
- Então, circulou o 2 (como o primeiro primo) e eliminou todos os múltiplos de 2.
- O próximo número não circulado, o 3, deve ser primo. Então, ele o circulou e eliminou todos os múltiplos de 3.
- O próximo número não circulado, o 5, deve ser primo. Ele o circulou e então eliminou todos os múltiplos de 5.
- Repetiu o processo com os números primos de 7 para cima.

Essa técnica resultou na tabela mostrada na próxima página (os números primos estão em destaque, em vez de circulados) e passou a ser conhecida como Peneira de Eratóstenes.

O número 1 é eliminado por ter apenas um fator — ele mesmo. Portanto, não é primo

Os números em destaque são primos — só têm dois fatores: eles próprios e o 1

Os números eliminados não são primos, pois têm três ou mais fatores

~~1~~	2	3	4	5	6	7	8	9	~~10~~
11	~~12~~	13	~~14~~	~~15~~	~~16~~	17	~~18~~	19	~~20~~
~~21~~	~~22~~	23	~~24~~	~~25~~	~~26~~	~~27~~	~~28~~	29	~~30~~
31	~~32~~	~~33~~	~~34~~	~~35~~	~~36~~	37	~~38~~	~~39~~	~~40~~
41	~~42~~	43	~~44~~	~~45~~	~~46~~	47	~~48~~	~~49~~	~~50~~
~~51~~	~~52~~	53	~~54~~	~~55~~	~~56~~	~~57~~	~~58~~	59	~~60~~
61	~~62~~	~~63~~	~~64~~	~~65~~	~~66~~	67	~~68~~	~~69~~	~~70~~
71	~~72~~	73	~~74~~	~~75~~	~~76~~	~~77~~	~~78~~	79	~~80~~
~~81~~	~~82~~	83	~~84~~	~~85~~	~~86~~	~~87~~	~~88~~	89	~~90~~
~~91~~	~~92~~	~~93~~	~~94~~	~~95~~	~~96~~	97	~~98~~	~~99~~	~~100~~

Esse processo identifica, de modo satisfatório, os números primos abaixo de 100. Com a Peneira de Eratóstenes, pode-se também encontrar números primos de maior grandeza e, com o auxílio de supercomputadores, os matemáticos estão em busca constante de números primos cada vez maiores.

OS NÚMEROS PRIMOS SEGUEM UM PADRÃO?

Por definição, os números primos não têm fatores além deles próprios e do 1. O fato menos conhecido é que, com exceção do 2 e do 3, todos os números primos estão uma unidade acima ou abaixo de um múltiplo de 6. Há uma prova muito simples e perspicaz disso: resumidamente, todos os números com exceção destes (uma unidade acima ou abaixo dos múltiplos de 6) são múltiplos de 2 ou de 3. Assim, por definição, não podem ser primos.

Um dos aspectos fascinantes, porém frustrantes, dos primos é que eles não seguem nenhum padrão discernível. A curiosidade dos matemáticos diante desse fato tem sido estimulada a tal ponto que um prêmio de US$ 1 milhão está sendo oferecido para quem conseguir solucionar o problema conhecido como Hipótese de Riemann. Trata-se de uma possível conexão entre os primos e os não primos, postulada pelo matemático alemão Bernhard Riemann (1826-1866) em 1859. Esse é possivelmente o problema matemático mais popular e não solucionado no mundo. Será possível, algum dia, *prever* qual será o próximo número primo?

SEGURANÇA PRIMOROSA

Por serem inflexíveis, os números primos não têm utilidade como base de moedas correntes ou em qualquer sistema de medidas. Contudo, essa mesma inflexibilidade é considerada de grande interesse em aplicações comerciais, como a segurança dos cartões de crédito.

Isso tem raízes num fato simples relacionado aos números primos de maior grandeza: depois que se multiplica um por outro, é quase impossível saber quais eram os dois primos originais. Entretanto, isso só funciona se os números primos forem suficientemente grandes – primos de 20 ou mais dígitos são bastante comuns no uso dessa tecnologia. Pense nisso como o equivalente a um cadeado. Somente alguém em poder da chave – isto é, que saiba quais são os dois números primos que produziram o número – poderá abri-lo. Na próxima vez que você comprar pela internet em um site seguro, agradeça aos números primos por estar protegido.

CÓDIGOS: UM ENIGMA MATEMÁTICO

Com o surgimento da comunicação escrita, veio o desejo de enviar mensagens privadas ou secretas. Assim nasceu a arte da criptografia (reprodução de mensagens em códigos). Naturalmente, a matemática tem sido de grande utilidade na criação e na decifração desses códigos.

MULTIPLICANDO PERMUTAÇÕES MATEMATICAMENTE

Os códigos mais simples são conhecidos como cifras de substituição. Formados pela simples troca de uma letra por outra, são fáceis de decodificar. Imagine o alfabeto escrito em duas tiras de papel. As tiras são enroladas, formando círculos, que são sobrepostos. Com a rotação de uma delas, cria-se uma cifra de substituição. Por exemplo, se ele é girado ao espaço de uma letra e as duas tiras são esticadas, obtém-se:

A	B	C	D	E	F	G	H	I	J	K	L	M	N	O	P	Q	R	S	T	U	V	W	X	Y	Z
B	C	D	E	F	G	H	I	J	K	L	M	N	O	P	Q	R	S	T	U	V	W	X	Y	Z	A

Se a mensagem secreta que queremos enviar é a palavra "RATO", ao substituir cada letra da coluna de cima pela letra imediatamente abaixo, R A T O se transforma em S B U P. Entretanto, este código não é muito seguro, já que existem apenas 26 possibilidades. Até mesmo substituições aleatórias feitas por meio do rearranjo das letras na tira inferior podem ser decifradas por um decodificador inteligente.

O código é fortalecido se as letras não estiverem na sequência, e o número de rotações muda, não apenas para cada mensagem, mas a cada vez que uma letra é codificada. Assim, a letra A pode representar o B numa palavra, mas o W na seguinte. Esse foi o método usado pelos criadores da Máquina Enigma (ver quadro abaixo), que usava três rodas aleatórias de um total de cinco rodas diferentes. Matematicamente falando, significa que as rodas poderiam ser dispostas em mais de um milhão de permutações diferentes.* Em razão disso, foi necessária a contribuição dos maiores gênios da matemática da época, aliada a um pouco de sorte, para decifrá-la.

Tente decifrar esta mensagem cifrada mais simples:

Yrfh h xp pdjlfr grv qxphurv!

A MÁQUINA ENIGMA

É bem possível que, sem a ajuda de seus matemáticos, os Aliados (União Soviética, EUA e Reino Unido) tivessem perdido a Segunda Guerra Mundial. As máquinas de criptografia Enigma, cujos códigos eram tidos como indecifráveis, permitiam aos alemães o livre envio de mensagens entre si, com pouco ou nenhum receio de que seu conteúdo fosse lido pelos Aliados. Por isso, os matemáticos mais brilhantes do Reino Unido, particularmente Alan Turing (1912-1954), foram enviados secretamente a um prédio do governo em Bletchley Park, perto de Londres, para trabalhar nesse projeto. Depois de muito empenho, eles conseguiram decifrar o sistema de códigos e, ao fazê-lo, permitiram à tecnologia computacional dar um gigantesco salto.

*O número exato de possibilidades é $5 \times 4 \times 3 \times 26 \times 26 \times 26$. Você consegue descobrir o porquê? *(respostas na p. 136)*

É O CAOS!

Você já teve ter ouvido alguém dizer que, quando uma borboleta bate as asas na América do Sul, isso pode causar um tornado em Nova York. Esta é uma boa ilustração (ainda que enganosa) do princípio conhecido como teoria do caos.

E SE...?
Em termos simplificados, a teoria do caos é um ramo da matemática que explora o porquê da ocorrência de eventos aleatórios sem razão aparente. Em seu núcleo está a ideia de que alterações muito pequenas dentro de um sistema podem motivar uma onda de mudanças desproporcionais em relação à causa.

Na década de 1960, quando o meteorologista Edward Lorenz (1917-2008) trabalhava com equações para prever padrões atmosféricos, descobriu que uma diferença mínima nos dados iniciais

> **A TACADA PERFEITA?**
> Uma maneira simples de visualizar o conceito do caos é imaginar um jogador de golfe profissional. Se ele dá dez tacadas aparentemente idênticas, teoricamente a bola deverá, a cada vez, parar no mesmo lugar. É claro que isso não ocorre, devido a diferenças mínimas como o sopro do vento ou uma mudança mínima na rotação do corpo do golfista. Qualquer um desses fatores pode causar uma diferença significativa na posição final da bola — dois ou mais deles podem tornar o resultado ainda mais imprevisível. Não há como ter certeza quanto ao local exato em que a bola irá parar, a cada vez, em virtude da sensibilidade dela a variáveis mínimas.

podia resultar em enormes alterações no resultado. Ele deu a esse fenômeno o memorável nome de "efeito borboleta".

Até Hollywood se inspirou nessa ideia, em filmes como *De caso com o acaso* (1998) e *O efeito borboleta* (2004). Se você pudesse voltar no tempo e mudar apenas uma coisinha, o que teria acontecido de diferente na sua vida? E se jamais tivesse olhado para o outro lado do salão e não tivesse conhecido sua esposa/seu marido? E se seus pais não tivessem se encontrado?

Como a área de atuação de Lorenz era a meteorologia, suas ideias só foram descobertas por matemáticos anos mais tarde. Desde então, a teoria do caos tem sido incorporada na elaboração de prognósticos em áreas como as mudanças climáticas, a economia e o planejamento em saúde pública.

ROMPENDO COM OS PADRÕES

Lorenz desenvolveu equações para representar o comportamento de sistemas quando estão sujeitos a variações mínimas e imprevisíveis, o que trouxe novas surpresas. Ele constatou que os gráficos das suas equações nunca pareciam se repetir — pelo contrário, exibiam resultados surpreendentes, conhecidos como padrões fractais.

A palavra "fractal", cuja raiz é a mesma da palavra latina "fratura", refere-se às formas multifragmentadas de que trata este campo relativamente recente da matemática. Os fractais desafiam as regras da geometria euclidiana tradicional (círculos, triângulos e formas similares), mas seguem uma geometria própria e fascinante. Apresentaremos, a seguir, esses padrões extraordinários.

DESCOBRINDO OS FRACTAIS

Embora já houvesse a ideia de fractais no século XVII, o termo "fractal" foi usado pela primeira vez em 1975, pelo matemático francês Benoît Mandelbrot (1924-2010), ao descrever formas que, quando examinadas através de um microscópio matemático, aparentam ser iguais: a cada vez que as olhamos de mais perto, notamos a repetição do padrão do objeto em escala menor.

PADRÕES COMPLEXOS NA NATUREZA

Você já examinou uma samambaia? Cada ramo é composto de várias pequenas folhas, que são uma versão em miniatura do ramo principal. Observe-a mais de perto, e verá que cada uma destas folhas, por sua vez, é formada por folhinhas ainda menores e estas, também, são quase idênticas ao ramo maior.

Outro exemplo célebre é o floco de neve. As arestas dos flocos de neve parecem padrões fractais porque suas formas têm aparência idêntica em qualquer escala.

Algo surpreendente nos fractais é que, nas formas geométricas tradicionais, o perímetro tem comprimento definido, ao passo que o perímetro de um fractal como o floco de neve de Koch (ver página ao lado) pode ser infinito. Para compreender melhor, veja a Sicília (ilha do sul da Itália): ela parecerá um triângulo. Porém, num mapa ampliado sua forma se torna cada vez mais recortada, com enseadas e penínsulas.

O FLOCO DE NEVE DE KOCH

Este exemplo fascinante de geometria fractal tem, originalmente, uma associação mais estreita com a matemática do que com a natureza. Recebeu esse nome em homenagem ao matemático sueco Helge von Koch (1870-1924), responsável por sua descoberta, em 1904.

✳ ✳ ✳ ✳ ✳

Começando com um triângulo equilátero, remova o terço central de cada lado e substitua-o por duas linhas de mesmo comprimento, formando outro triângulo equilátero conectado a cada lado da forma geométrica original. A seguir, repita a operação com cada lado da nova figura. Repita uma vez mais. Ao fazer isso, obtemos a seguinte progressão:

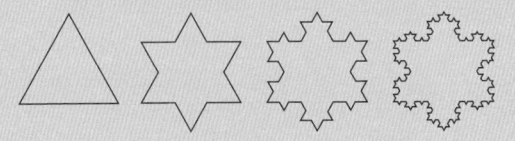

O padrão acima pode ser repetido eternamente.

Esta forma, em particular, tem uma particularidade bastante interessante. A área do primeiro floco de neve de Koch, em formato de estrela, é exatamente 1,6 vez maior que a área do triângulo original. Contudo, não importando quantas vezes se repetir o padrão de adicionar novos triângulos às bordas, a área (calculada por meio da chamada série geométrica, o que foge um pouco dos propósitos deste livro) permanecerá exatamente 1,6 vez maior que a do triângulo original. A dedução lógica disso é que o perímetro pode crescer infinitamente, mas a área contida nele nunca muda!

UM MUNDO SEM NÚMEROS?

Imagine que, ao fazer uma compra, você não saiba quanto dinheiro entregar ao vendedor, ou quanto de troco ele deve lhe devolver. Imagine como é praticar qualquer esporte que envolva a contagem de pontos se você tem dificuldades para compreender que 16 é maior que 12. Imagine a dificuldade de chegar a uma reunião na hora certa, ou de respeitar o limite de velocidade, se os números são uma linguagem estranha para você.

ACALCULIA E DISCALCULIA

Para algumas pessoas, os números não fazem muito sentido. Os que sofrem de acalculia (incapacidade de realizar cálculos aritméticos) têm enorme resistência diante de grandezas e relações numéricas. Essas pessoas podem ser incapazes de fazer somas simples.

Em geral, a acalculia é causada por alguma forma de dano cerebral, geralmente um derrame. Pode também ser resultado de uma disfunção genética. A menos que o problema seja diagnosticado como acalculia total, ele é chamado de discalculia. Assim como a dislexia, sua gravidade pode variar. A verdadeira discalculia é uma frustração constante, já que os números estão presentes em todas as áreas da nossa vida. O conhecimento sobre esse distúrbio ainda é incipiente. Esperamos que no futuro possamos entender melhor o porquê de alguns cérebros enfrentarem tamanha dificuldade com conceitos numéricos que a maioria compreende praticamente por instinto.

ENTRANDO NO MUNDO DO IRREAL

Já deparamos com números que nada têm de concreto – o pi (π) e o phi (Φ), por exemplo. Porém, existem ainda alguns números realmente muito estranhos... um dos quais, denominado "i", não pode sequer ser chamado de real.

O "i" IMAGINÁRIO

Ao multiplicar um número por ele mesmo, obtemos um número ao quadrado: por exemplo, $5 \times 5 = 25$. O inverso disso é a raiz quadrada: $\sqrt{25} = 5$. Você deve também lembrar, dos tempos de escola, que a multiplicação de dois números negativos sempre resulta num número positivo. Então, considere: se $1 \times 1 = 1$ e $-1 \times -1 = 1$, é possível existir $\sqrt{-1}$?

Na verdade, a resposta é: sim. Durante séculos, os matemáticos depararam com $\sqrt{-1}$ em equações complexas. No século XVIII, $\sqrt{-1}$ recebeu a designação de i, e todos os números semelhantes a ele (a raiz quadrada de números negativos) passaram a ser conhecidos como imaginários. O reconhecimento da sua existência contribuiu para o progresso na física, na engenharia e na eletrônica. Sem o i, não teríamos computadores, carros, televisores nem telefones celulares.

"A esta maravilha do mundo das ideias... damos o nome de número imaginário."

Gottfried Wilhelm Leibniz (1646-1716)

RESPOSTAS

CAPÍTULO 1
p. 20: 5 ou V ou 五

- A resposta é 2: os números se referem aos lados opostos do dado.
- 5.550,55 − 500,55 = 5.050; todos os demais = 5.
- Na conversão de temperaturas: 5°C = 41°F (e 5°F = -15°C).

pp. 30-31: Progredindo?

1. a: 3366 (3400 − 34)
   b: 27,93 (Comece multiplicando 4 × 7 para encontrar 28, então subtraia 7 partes de 0,01.)
2. a: 300 (Existem 300 metades em 150 unidades.)
   b: 1.000
3. 100 × 100 = 10.000
4. São temperaturas equivalentes (61°F = 16°C, 82°F = 28°C).
5. a: 403 (A regra é 4n + 3.)
   b: 49 termos (A regra é 3n − 1.)
6. **COMEÇO 13**   143 144 12 1.186 118,6 237,2
   COMEÇO 340   170 85 17 68 340. Repare que você termina onde começou, já que dividiu por 20 e então multiplicou por 20, "desfazendo" os três primeiros passos.
7. 32145 (Este é um quadrado latino – ver p. 26.)

CAPÍTULO 2

p. 39: Cálculo rápido em cadeia
COMEÇO 20 2   4   48   14   42   6   36   3.564
COMEÇO 7   49   539   100   10   2   8   64   70

p. 40: Padrões numéricos
A 8 (Multiplique os dois primeiros números e subtraia 2 para obter o terceiro número.)
B 3 (O terceiro número é duas vezes a soma dos dois primeiros números.)
C 19 (O terceiro número é o primeiro número elevado ao quadrado, mais o segundo.)

p. 40: Linhas cruzadas

p. 41: Kakuro

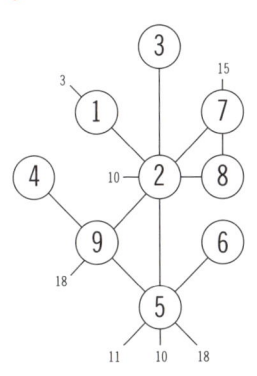

CAPÍTULO 3
p. 61: Calculando a partir de razões
- A cada 50 morcegos, a razão de morcegos marrons para pretos é 30:20, ou 3:2. Como 200 ÷ 50 = 4, basta multiplicar ambas as partes da razão por 4. Assim, 30 × 4 = 120 morcegos marrons.
- Primeiro, descubra o número total de porções, segundo as idades: 5 + 6 + 7 = 18. Depois, quantas balas por parte: 90 ÷ 18 = 5. Assim, cada ano equivale a 5 balas. Portanto, Zacarias receberá 25 balas (5 × 5), Miqueias, 30 (5 × 6) e Abdias, 35 (5 × 7).
- Para saber a proporção de plasma no sangue, subtraia a proporção de células sanguíneas (45%) da quantidade total de sangue (100%). 100 − 45 = 55. A razão entre plasma e células é 55:45; isso pode ser representado de modo mais simples se você dividir ambos os lados por 5, o que dá 11:9.

p. 77: O sistema binário
- 101
- 6

CAPÍTULO 4
p. 86: Linguiças e batatas
- O Alamanda's é o melhor lugar para comprar as linguiças: R$ 1,17 × 12 = R$ 14,04. No Pechincha Total, você paga por apenas 9 linguiças em vez de 12, mas ao preço unitário de R$ 1,59, e o total será de R$ 14,31. No Esquina da Economia, mesmo com a redução de 10% no preço total (R$ 1,35 × 12 = R$ 16,20), a compra ainda sairia por R$ 14,58.

- O melhor lugar para as batatas é o Esquina da Economia – você compra 1 kg por apenas R$ 7,20. No Alamanda's, você pagaria por 10 embalagens de 100 g, o que daria R$ 7,80. No Pechincha Total, você pagaria 5 embalagens de 200 g, ou R$ 7,35.
- No Pechincha Total você encontrará o valor combinado mais baixo – pagará R$ 14,31 + R$ 7,35 = R$ 21,66. (No Alamanda's, você pagaria R$ 14,04 + R$ 7,80, o que dá R$ 21,84. E, no Esquina da Economia, a compra sairia por R$ 14,58 + R$ 7,20 = R$ 21,78.)

p. 93: O cálculo dos juros
Você deverá chegar a dois resultados bastante semelhantes:
A R$ 463,05: R$ 400 × $(1,05)^3$ (ou seja, 1,05 × 1,05 × 1,05)
B R$ 462,33: R$ 380 × $(1,04)^5$

CAPÍTULO 5
pp. 110-111: O enigma da data de aniversário partilhada
- A probabilidade de que uma determinada pessoa não partilhe a mesma data de seu aniversário é bastante alta: 364/365, ou 0,99726. Mas a chance de que uma segunda pessoa também não partilhe desta data é 364/365 × 364/365, ou $(364/365)^2$: aproximadamente 0,99453. Você precisa chegar até $(364/365)^{253}$ até que este número caia para um valor menor de 0,5, cerca de 0,499523. Isso prova, de certa forma contrariando o senso comum, que é preciso ter 253 pessoas na sala para que haja mais de 50% de chance de que uma delas tenha a mesma data de aniversário que você.

- Quais são as chances de que você faça anos em 1º de julho, como eu? A resposta é muito mais simples. Você tem 1/365 chance de fazer aniversário comigo, pois poderia ter nascido em qualquer dia do ano, com igual probabilidade. (Por uma questão de clareza, ignoramos aqui as complicações adicionais dos anos bissextos.)

CAPÍTULO 6
p. 120: O comportamento sem par do zero

A intenção da previsão do tempo é dizer que estará muito mais frio do que hoje. Porém, matematicamente falando, 0 × 2 não deixa de ser 0.

pp. 124-125: Multiplicando permutações matematicamente

A fim de decodificar a mensagem cifrada **Yrfh h xp pdjlfr grv qxphurv!**, você deve substituir cada letra por aquela que está situada três letras antes, no alfabeto. Assim, D torna-se A, C torna-se Z, B torna-se Y e assim por diante. Ao fazê-lo, a frase essencial é revelada: **Você é um mágico dos números!**

A razão pela qual as possibilidades da Máquina Enigma têm o número de 5 × 4 × 3 × 26 × 26 × 26 é a seguinte. Resumidamente, há cinco possíveis escolhas de roda para a primeira posição, 4 possibilidades restantes para a segunda e 3 para a terceira. Isso significa que há 60 maneiras diferentes (5 × 4 × 3) de posicionar as rodas na máquina. Mas, para cada uma dessas rodas, há 26 posições possíveis (devido às 26 letras em cada roda), o que nos dá o cálculo acima — mais de um milhão de possibilidades.

ÍNDICE

acalculia 130
aleatoriedade 104, 115
álgebra 71-3, 80, 119
Al-Khwarizmi 80
amostras e estatísticas 104
apostadores 114
aproximação 88, 89
aritmética, média 68-9
Arquimedes 78
áurea, razão 26, 49, 62, 64-7
azimute (em navegação) 97, 99

babilônios, antigos 76, 118
Bacon, Francis 96
bancárias, operações 10, 95
base dez (10) 52, 75, 76, 77, 118
base sessenta (60) 76
base três (3) 77
binário, sistema 77
Blackwell, David 79
Bletchley Park 125
Brahmagupta 81
Brown, Dan 65
Browning, Elizabeth Barrett 65

calculadoras 18, 42-3, 53
cálculo 73, 76, 119
cálculos de cabeça 34-9, 85-6
caos, teoria do 126-7
cartão de crédito
  formato 62, 66
  segurança 123
casas (colunas) 77, 118
cassino 114
cavalos, corrida de 114
Celsius, escala 46-7
chance 11, 108-9, 110
chances e probabilidades 11, 114
chave pública, criptografia de 123
cifras 124-5
círculos e o número pi 62-3
codificação 124-5
códigos 124-5
  de barra 25, 26, 87
  secretos 124-5
coelhos, problema da reprodução de 48-9

competições,
   pontuação em 70
compras 10, 84-6,
   93
computadores 77
conversões
   entre frações,
   decimais e
   porcentagens 56
   marcos de, para
   cálculos simples
   46
criptografia 123

dados, coleta de 104
Darwin, Charles 29
data de aniversário
   compartilhada, o
   enigma da
   110-1
decimais 52-6, 118
denário, sistema 75
   ver também
   base dez
descontos, cálculo
   de 58

discalculia 130
dividir ao meio 10,
   35, 57
divina, proporção
   ver áurea, razão
dobrar 10, 34-6, 57

efeito borboleta 127
egípcios antigos 65
Einstein, Albert 10,
   63, 78
empréstimos 91-3,
   94
enésimo termo 27,
   28
equações 71, 73, 74,
   119
Eratóstenes 121-2
   peneira de 121-2
escala, economia de
   84-5
escola, aulas de
   matemática na
   8, 10, 14, 59, 75
estatística 11,
   102-5

estimativas 46,
   88, 90
Euclides 64, 127
Eurípides 115

Fahrenheit, escala
   46-7
fatores 76, 122,
   123
Fermat, Pierre de
   74, 78
Fermat, Último
   Teorema de 74
Fibonacci,
   sequências de
   26, 47, 48-9, 66
financeiro, mercado
   95
financiamento,
   compras à base
   de 93, 94
física 73
fotos digitais 59-60
frações 29, 43,
   52-6
fractais 127, 128-9

Gauss, Carl Friedrich 17, 24, 73, 78
Germain, Marie-Sophie 78
gorjeta e taxa de serviço 11, 58, 88
gráficos e tabelas 106-7
gregos antigos 62, 65, 80
"guardador de lugar" 18, 119

H4, relógio de bolso 98
Hamilton, Willian Rowan 79
Hardy, G. H. 79
Harrison, John 98
Hipácia de Alexandria 80-1

"i" 131
imagem conceitual dos números 19
imaginação, recurso à 18, 90
impostos, cálculo de 43
investimentos 91-3, 95, 96
islâmica, arte 66

juros, cálculo dos 93
juros, empréstimos sem 93
juros, pagamento de 91-3
juros compostos 91-2

Kakuro 41
Koch, floco de neve de 128-9

latinos, quadrados 25, 26, 31
latitude 97, 99
Leibniz, Gottfried Wilhelm 131

Leonardo de Pisa (Fibonacci) 48
linguiça e batatas 86
liquidação, ofertas de 58
logaritmos 80
longitude 97-8, 99
Lorenz, Edward 126
loterias 104, 114-5
Lovelace, Ada 81
lucro 96

mapas, escalas de 25
Máquina Enigma 125
margens de erro 89, 104
matemágico, o 10
média condicional 70
mediana 68
médias 68-70
mercado de ações

95-6
meteorológico, boletim 120
milhas para quilômetros, conversão de 47, 66
modal, média 69-70
moedas, conversão de 47
Mona Lisa e a razão áurea 65
Monty Hall, Problema de 110, 112-3

Napier, John 80
navegação 97-9
neve, flocos de 11, 128-9
Newton, Isaac 78
numéricas, bases 52, 75, 118
ver também base três, base dez *e* base sessenta

numéricos, padrões 9-10, 14, 15, 21, 25-9, 40, 57, 115, 122
teste de padrões numéricos 40
números, adivinhação de 10, 26, 27
números arredondados 37
números, arredondando os 36, 89
números, cegueira em relação aos 8, 88, 130
números imaginários 131
números irracionais 62, 64
números primos 121-3

ordens de grandeza 89

pares, formação de 37
pechinchas e ofertas especiais 85-6
percentual, mudança 54-5, 86, 102-3
percentuais, pontos 55
pesquisas e estatísticas 105
pi, número 62-3
Pitágoras 2
Platão 70
pontuação em competições 70
porcentagens 43, 52-4, 57, 102-3, 105
probabilidade 108-9
problemas e quebra-cabeças boletim meteorológico 120

cálculo dos juros 93
cálculos a partir de razões matemáticas 61-2
data de aniversário compartilhada 110-1
jogo de tênis 14
linguiça e batatas 86
linhas cruzadas 40
qual é sua familiaridade com os números? 15-8
quebra-cabeça 6801 44-5
representações e relações 20
reprodução de coelhos 48-9
sistema binário 77
teste em cadeia 31
teste de padrões numéricos 40
progredindo? 30-1
progressões e sequências 9-10, 25, 27-9, 31
promoções "BOGOF" ("compre um e leve dois") 85-6
proporções 59, 60

quatérnions 79

raiz quadrada e números quadrados 131
Ramanujan, Srinivasa 78-9
razões matemáticas 59-60, 61-3
ver também razão áurea
recorrentes, decimais 53
relação risco-retorno financeiro 95-6
relativas, quantias 55, 59
relógios 76, 98
Renascença, artistas da 65
representações e relações 20
respostas dos problemas 132-6
Riemann, Bernhard 123
Riemann, Hipótese de 123
romanos antigos e a matemática 65
segurança, sistemas de 123
seguro, cálculos de 110
sequências e progressões 9-10, 25, 27-9, 31
símbolos 71, 73, 76, 118

Sistemas de Posicionamento Global (GPS) 98
substituição, cifras de 124
Sudoku 25, 26

tabelas e gráficos 106-7
tabuadas 25, 27, 28-9
taxa anual de juros 91, 93
taxas de serviço e gorjetas 11, 58, 88
televisor, telas de 59, 66
temperaturas, conversão de 46-7
tênis, torneio de (problema) 14
testes em cadeia 31, 39
triangulação 97, 98
truques
  estimativa da quantidade de tinta necessária 90
  grande truque do onze, o 38
  mágica da leitura da mente, a 23
  memorizando dígitos do pi 63
  poder do nove, o 23
  truque da calculadora, o 43
  truque "Pense num número" 72-3
  truques de adivinhação 44-5
  truque telefônico 22
Turing, Alan 125

unitário, custo 84-5, 86
Universal, Código de Produto 87

variáveis 73
verificador, dígito 87
visual, aprendiz 16
von Koch, Helge 129

Wiles, Andrew 74

zero 11, 76, 118-20

BIBLIOGRAFIA COMPLEMENTAR

A seleção abaixo contém livros que exploram a matemática de um modo mais aprofundado, bem como obras que poderão ajudá-lo a expandir suas capacidades mentais.

ANTUNES, Celso. *Inteligência lógico-matemática – Inteligências múltiplas e seus jogos*. São Paulo: Vozes, 2006.

BIEMBENGUT, Maria Salett. *Número de ouro e secção áurea*. Blumenau: Edifurb, 1996.

BRACEY, Ron. *Aumente seu potencial de inteligência – Maneiras de estimular e apurar o raciocínio*. São Paulo: Publifolha, 2010.

BRIDGER, Darren e LEWIS, David. *Aumente seu poder de ação e decisão – Maneiras de ser mais assertivo e eficiente*. São Paulo: Publifolha, 2010.

CALLEJO, Maria Luz e VILA, Antoni. *Matemática para aprender a pensar: o papel das crianças na resolução de problemas*. Porto Alegre: Artmed, 2006.

MERINO, Rosa María Herrera e FRABETTI, Carlo. *A geometria na sua vida*. São Paulo: Ática, 2003.

MOORE, Gareth. *Aumente o desempenho do seu cérebro – Maneiras de exercitar e fortalecer a mente*. São Paulo: Publifolha, 2010.

O'BRIEN, Dominic. *Memória brilhante semana a semana – 52 formas de memorizar informações com facilidade e não esquecer mais*. São Paulo: Publifolha, 2006.

PAENZA, Adrián. *Matemática... cadê você? – Sobre números, personagens, problemas e curiosidades*. Rio de Janeiro: Civilização Brasileira, 2009.

SHOKRANIAN, Salahoddin. *Uma introdução à teoria dos números*. Rio de Janeiro: Ciência Moderna, 2008.

STEWART, Ian. *Almanaque das curiosidades matemáticas*. Rio de Janeiro: Zahar, 2009.

_____. *Incríveis passatempos matemáticos*. Rio de Janeiro: Zahar, 2010.

TAHAN, Malba. *O homem que calculava*. Rio de Janeiro: Record, 2001.

PÁGINA DO AUTOR NA INTERNET

Andrew Jeffrey tem dedicado sua vida a tentar convencer as pessoas de que a matemática é mais acessível do que elas imaginam. Também trabalha para empresas autônomas que desejam transmitir suas mensagens corporativas em feiras e conferências da área empresarial de um modo divertido e envolvente. Para saber mais detalhes, visite seu site (em inglês): www.andrewjeffrey.co.uk

AGRADECIMENTOS

Sinto-me enormemente abençoado por ter conhecido inúmeras pessoas extraordinárias. Acredito profundamente nos benefícios de estar cercado de gente melhor do que eu (sob alguns ou vários aspectos), e todas as pessoas listadas abaixo são exemplos dessa filosofia!

À minha família e aos meus amigos, que tiveram a paciência de compreender a minha ausência no último ano — este livro é o resultado de uma eventual negligência de minha parte, e espero que tenha valido a pena.

Ao doutor Tony Wing, meu primeiro professor de matemática: sem jamais ter respondido a qualquer pergunta que eu fiz quando era seu aluno, ele me obrigou a refletir sobre questões pedagógicas e matemáticas de uma maneira que ninguém mais foi capaz de fazer desde então.

A Caroline Ball, brilhante editora e um dos raros profissionais capazes de dar alguma espécie de ordem ao meu pensamento caótico. Acima de tudo, ela é uma pessoa sábia, generosa e extraordinária. A talentosa Katie John também contribuiu com ideias criativas e a sua orientação — três cabeças pensando, em vez de apenas uma, produzem um resultado infinitamente melhor.

A Rob Eastaway, amigo e colega, e ardoroso defensor da matemática. Partiu dele a primeira sugestão de que eu escrevesse este livro. Partilhamos da mesma paixão pela matemática, e sou sempre estimulado pelas experiências por que passamos juntos.

A Stephen Froggatt, um grande amigo, companheiro de mágicas, músico e maluco, com quem dividi tantas cervejas, truques de cartas e conhecimentos fascinantes sobre álgebra — em algumas ocasiões, tudo isso junto!

E, finalmente, à minha esposa Alison, que é muito mais linda do que se imagina. Uma pessoa sem a qual, sinceramente, nada disso aqui teria sentido.

CRÉDITOS DAS ILUSTRAÇÕES

p. 112, p. 113 Fotosearch
p. 128 FeaturePics

Tivemos o máximo cuidado na localização dos detentores de direitos autorais. Entretanto, se porventura omitimos alguém, pedimos desculpas e, uma vez informados a esse respeito, faremos as devidas correções numa possível edição futura.